사표쓰고
비우고 떠나서
채우고 돌아오다
지구
한바퀴

사표쓰고 지구 한바퀴

초판 1쇄 발행 2016년 8월 15일

지은이 김문관
펴낸이 배충현
펴낸곳 갈라북스
출판등록 2011년 9월 19일(제2015-000098호)
주소 경기도 고양시 덕양구 중앙로 542, 903호(행신동)
전화 (031)970-9102   **팩스** (031)970-9103
홈페이지 www.galabooks.net
페이스북 www.facebook.com/bookgala
전자우편 galabooks@naver.com

ISBN 979-11-86518-06-9 03980

「이 도서의 국립중앙도서관 출판예정도서목록(CIP)은 서지정보유통지원시스템
홈페이지(http://seoji.nl.go.kr)와 국가자료공동목록시스템(http://www.nl.go.kr/kolisnet)에서
이용하실 수 있습니다.(CIP제어번호: CIP2016017316)」

사표쓰고
지구
한바퀴

비우고 떠나서
채우고 돌아오다

갈라북스

프롤로그

"사표를 냈다···
뒤돌아보지 않고 길을 나섰다."

나에게 일생의 한 번뿐일 선물을 하고 싶었다. '세계를 한 바퀴 돌아보자.' 직접적인 계기는 몇 해 전 여름 휴가로 다녀온 중미 쿠바의 수도 아바나(HAVANA)에서의 경험이었다.

필자는 한국인들이 주로 묵는 허름한 숙소에서 많은 여행자들을 만났다. 그들과 며칠 밤 럼주를 마시며 많은 이야기를 나눴다. 어떤 밤엔 현지인들과 말레꼰(방파제)에서 밤새 어울리기도 했다.

지금 그들의 얼굴은 잘 기억나지 않는다. 그러나 그들의 눈빛은 아직도 생생히 떠올릴 수 있다. 모두들 별처럼 빛나고 있었기 때문이다.

열흘간 아바나에서 아프로쿠반(Afro-Cuban, 아프리카 쿠바 음악) 음악과 사람에 심취했다. 돌아오는 길 '딸깍!' 필자의 마음속 어딘가에서 스위치가 켜지는 소리가 들렸다.

'사표' 쓰고 지구 한 바퀴

휴가를 마치고 1년 후 10년을 다녔던 직장에 사표를 냈다. 그리고 필자의 동반자 K에게 물었다. "우리 같이 세계일주 갈까요?" K는 "그러겠다"고 답했다. 우린 뒤돌아보지 않고 길을 나섰다.

　300일을 계획했고, 실제 301일을 보냈다. 동남아 · 중국 · 네팔 · 인도 · 아프리카 · 유럽 · 북미 · 중미 · 남미를 다녀왔다. 지구본에서 서울을 기준, 왼쪽에서 오른쪽으로 한 바퀴를 돌았다.

　고생도 많았다. 중국 쿤밍 길거리에서 당했던 칼부림, 비극적인 네팔 대지진과 찢어진 나의 발등, 이집트 카이로에서의 이슬람국가(IS) 테러, 에티오피아 다나킬에서 찢어진 발뒤꿈치, 같은 나라에서 당한 소매치기, 이탈리아 로마에서의 지갑 분실, 그리스 산토리니에서 봉와직염에 걸려 퉁퉁 부어오른 발등, 프랑스 파리에서 발생한 IS 테러, 길을 막아선 멕시코 시위대, 칠레 지진과 화산 폭발 등등….

　직 · 간접적인 위험이 적지 않았다. 그러나 이제는 모두 지난일, 소중한 추억일 뿐이다.

　세상을 돌아보며 많은 사람들을, 그리고 그들이 살아가는 모습을 보았다. 때론 진부했고, 때론 경이로웠다. 필자의 나쁜 버릇은 사람의 값을 매긴다는 점이었다. 나름의 기준에 따라 등수를 정했다는 것이다. 그러나 301일의 여정을 통해 그 기준이 얼마나 하찮은 것이었는지를 깨달았다.

　'인간은 태어나면 죽는다'는 당연한 명제도 새삼 알게 됐다. 죽음은 항상 우

리 주변에 있다. 하지만 '남의 얘기일 뿐, 나와는 상관없는 얘기'로 죽음을 치부
하면서 살고 있었다.

'살아있음은 그 무엇보다 소중하다.'

이번 여행을 통해 가슴 깊이 새기게 된 생각이다. 지금 글을 쓰는 이 순간도
그렇다. 기쁨도 슬픔도 결국은 모두 살아있다는 증거다. 현재를 즐겨야 한다.
필사적으로….

중미 과테말라에서 니카라과로 버스를 타고 입국했을 때의 일이다. 고속도
로 위에 몇 사람이 누워있었다. 교통사고로 보였다. 온몸이 뒤틀린 그들 주변
엔 시커먼 피가 흥건했다. 그들 중 일부는 분명 죽었고 일부는 죽어가고 있었
다. 그들은 모두 눈을 뜨고 있었다. **그들의 눈동자는 아예 검거나 새하얗게 보
였다. 괴물같은 눈으로 내게 말을 거는 듯했다.** 참으로 무서웠다.

바로 그때 버스 앞자리 현지인 여성이 큰소리로 흐느끼기 시작했다. 필자와 K는 그녀의 서러운 눈물을 바라보며 무한한 위안을 받았다. 그녀의 눈물은 세계일주가 우리에게 준 가장 큰 선물이다.

이 책엔 이렇다 할 낭만은 없을지도 모르겠다. 그저 사실을 적었고, 그 사실에 대한 당시의 감정을 기록했을 뿐이다. 어쩌면 지금 필자는 여행을 떠나기 전과는 조금은 다른 사람일 것이다. 분명히 그럴 것이다.

중미 니카라과의 작은 소도시 그라나다의 한 거리. 별다른 이유는 없지만, 필자가 참 좋아하는 사진이다.

차 례

그리고 여행은 계속된다
_ 태국 · 캄보디아 · 라오스 · 중국 · 네팔

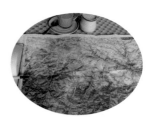

인간과 신
_ 인도 · 아랍에미리트 · 터키 · 이집트 · 수단 · 에티오피아

맛있는 검은 대륙, 유럽 예술기행
_ 에티오피아 · 케냐 · 이탈리아 · 그리스 · 스페인 · 프랑스 · 헝가리 · 체코 ·
　오스트리아 · 독일

대부분 기쁨 가끔은 서글픔

_ 영국 · 아일랜드 · 미국 · 멕시코 · 과테말라 · 온두라스 · 엘살바도르 · 니카라과 · 코스타리카 · 파나마시티 · 콜롬비아 ·

PART 5

반드시 언젠가는 다시
_ 에콰도르 · 페루 · 볼리비아 · 칠레 ·
아르헨티나 · 브라질 · 일본

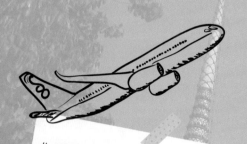

여행 국가 및 도시
(여행 1일 ~ 60일, 2015. 2. 28 ~ 4. 29)

태국 방콕, 치앙마이
캄보디아 시엠립, 스텅트렝
라오스 시판돈(돈뎃섬), 팍세, 방비엥, 비엔티
엔, 루앙프라방
중국 쿤밍, 따리, 리장, 후타오샤(호도협), 샹그
릴라, 홍콩
네팔 카트만두, 포카라

part.1

그리고 여행은
계속된다

결심, 검고 탁한 세계일주 D-1
서울의 밤

'세계를 한바퀴 돌아보자'고 생각한 건 2년 전 가을의 일이었다. 여름휴가를 미뤄 다녀왔던 중앙아메리카의 낭만적인 섬나라 쿠바에서다. 쿠바의 수도 아바나(HAVANA, 영어 발음으로는 하바나, 현지어인 스페인어로는 아바나)의 허름한 숙소에는 많은 장기여행자들이 있었다. 월급쟁이인 내 삶과는 전혀 달랐던 하루 하루를 보내던 그들. 국적도 성별도 연령도 직업도 다양했지만, 그들은 모두 한결같이 행복해 보였다. 그리고 그들의 삶과 내 삶의 거리는 무한히 멀게 느껴졌다. 그 강렬한 대비가 눈부셨다.

열흘간 휴가를 마치고 귀국해 일을 하면서도 마음 한구석은 여전히 허전했다. 약 1년 후 다니던 회사에서 불합리하다고 생각되는 일이 생겨 과감히 사표를 던졌다. 그리고 난 실업자가 됐다. 실업자의 거리는 무척 추웠다. 그리고 서울 하늘에선 가끔 눈이 내렸다.

두어달 스페인어 학원에 다니며 세계일주 정보를 모았다. 어느덧 사회생활 10년차였다. 계획한 300일 세계일주 경비는 퇴직금만으로도 거의 충당할 수 있었다. 떠나면 나도 정말 그들처럼 행복해질까. 고민보단 실행이 답이다. 마음을 정했던 그날. 하늘에선 눈이 내렸다.

출발 하루 전 해외서 택배 두 상자가 도착했다. 대학시절 어학연수차 머물렀던 뉴질랜드. 언어 습득보다 좋아하는 엘피레코드 구입에 몰두했던 기억이다. 고로 귀국 당시 대부분을 들고 오지 못했었다. 현지 친지가 십 수 년 만에 이를 보낸 것. 그런데 출국 삼일전이라니. 인생은 아이러니하다고 생각했다.

세계일주 하루 전 마지막으로 들은 음악. 내 방에서

짐을 모두 꾸리고 상자를 열어 레코드에 담긴 소리를 드디어 들어봤다. 브람스, 슈베르트, 쇼팽, 스틸리댄, 로드스튜어트, 시드니 베쳇, 마일즈 데이비스 그리고 또 다시 브람스. 꽤 오랜 시간이 흘렀지만 취향은 변하지 않았구나.

볼륨을 높인다. 피아노는 오르간처럼 거대하고, 바이올린은 일렉기타의 경쾌함으로 귓전을 울린다.

많이 설렌다. 어떤 일이 있을까. 300일간 세계일주의 마법이 펼쳐지기를 기대한다. 아니 기도한다.

그날 서울의 밤은 검고 탁했다.

2015.2.27.10.57PM. 서울 내방에서 작성.

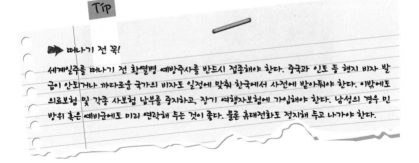

TIP

➡ 떠나기 전 꼭!

세계일주를 떠나기 전 황열병 예방주사를 반드시 접종해야 한다. 중국과 인도 등 현지 비자 발급이 안되거나 까다로운 국가의 비자도 일정에 맞춰 한국에서 사전에 받아둬야 한다. 이밖에도 의료보험 및 각종 사보험 납부를 중지하고, 장기 여행자보험에 가입해야 한다. 남성의 경우 민방위 혹은 예비군에도 미리 연락해 두는 것이 좋다. 물론 휴대전화도 정지해 두고 나가야 한다.

'사표' 쓰고 지구 한 바퀴

Ep. 002

여행자의 천국 혹은 지옥?

아시아 최대의 관광도시 태국 방콕. 밤새 여행자들로 북적이는 활기찬 동네다. 저렴한 가격에 모든 걸 구할 수 있는 여행자거리 '카오산로드(Khaosan Road)'로 대표되는 방랑자들의 낙원이다. 그러나 필자와 동반자 K는 이 도시에서 금융 범죄에 휘말렸다. 세계일주 첫 나라에서부터 큰 충격을 받았다. 세계일주를 꿈꾸는 독자들의 경각심을 고취하기 위해 우선 이 글부터 적어둔다. 글을 적는 지금까지도 우리들에게 남아있는 방콕의 기억은 악몽에 가깝다.

태국의 관광도시 치앙마이에서 방콕으로 밤샘버스를 타고 이동하던 중 필자의 카드가 무단으로 결제돼 한화 200만원에 달하는 큰 돈이 순식간에 사라졌다. 이는 물가가 저렴한 인도에서라면 두 사람이 한 달 넘게 생활할 수 있는 금액이다. 2층 여행자버스에서 잠들어있었던 밤 10시경 들어본적도 없는 촌부리라는 지역에서 필자의 카드가 결제됐다. 물론 이 사실을 안 건 범죄 발생 며칠 후 캄보디아 시엠립(Siem Reap)에 도착했을 때다. 촌부리는 치앙마이부터 방콕까지의 이동 동선으로부터 한참 먼 곳이다. 당시 카드 실물은 자물쇠로 잠긴 배낭안 지퍼달린 등산복 바지 주머니에 들어있었고, 범죄 이후 여행 중에도 카드실물은 필자에게 있었다. 당시 모든 여행자들의 배낭은 버스 1층 짐칸에 있었다.

처음 범죄사실을 인지한 때는 결제일로부터 며칠이 지난 화이트데이(3월14일) 전날 밤이었다. 필자와 K는 태국 방콕에서 캄보디아 시엠립으로 넘어와 숙소에서 다음 일정을 정리하고 있었다. 여행경비 사용내역을 기록하기 위해 스마트폰으로 거래 은행앱을 열어본 순간 캄보디아 도착 후 거금이 무단 인출된 사실을 확인했다.

황급히 카드부터 찾았다. 카드는 배낭안 깊숙이 쑤셔둔 등산복 바지 주머니에 그대로 있었다. 주머니의 지퍼도 그대로 잠겨있었다. 한 번도 입지 않았던 초겨울용 바지였다. 장기여행자의 상식대로 카드 몇장과 일부 현금을 여러 곳에 나눠 보관했던 터다. 그렇기에 우리는 누군가가 방문을 열고 카드를 '긁은 후' 다시 제자리에 넣어뒀다고 의심했다.

무서웠다. 해당 숙소의 주인장 내외는 매우 친절했지만, 숙소의 시설은 이같은 의심이 충분할만큼 남루했다. 낯선땅 상상속에서 그들의 친절함이 괴물로 둔갑한 것도 순식간이었다.

정신을 차리고 노트북을 열어 구체적으로 확인한 카드 결제날짜는 스마트폰 은행앱의 기록보다 앞서있었고, 결제통화는 태국 바트화였다. 해외에서는 스마트폰 은행앱과 노트북 인터넷뱅킹의 카드거래 기록이 100% 일치하지 않는

'사표' 쓰고 지구 한 바퀴

다는 사실도 처음으로 알게 됐다.

'아, 이곳은 아니구나.' 당장의 두려움이 사라지자 덜컥 통장에 남아있는 거금이 걱정됐다.

숙소 주인장에게 상황을 설명하고 다음날 이른 아침 인터넷카페를 찾아 은행에 국제전화를 걸어 카드사용을 정지시켰다. 이어 필자와 K가 소지한 다른 카드의 거래 기록도 일일이 확인했다.

태국에서 금융범죄의 희생양이 됐던 여행자버스의 실물 사진. 1층은 짐칸으로 2층에 탑승한다.

이후 3개월간 카드 발급처인 한국씨티은행 담당자와 이메일을 주고받았다. 본의 아니게 외화를 낭비했다는 자괴감이 들었지만, 내 목이 말라 열심히 우물을 팠다.

이 과정에서 카드가 결제된 촌부리라는 지명을 처음 알게됐고, 은행에 다양한 방법으로 우리의 행적을 증명했다. 은행 담당직원은 무척 성실했다.

필자와 K의 개인 블로그글에 남긴 국경 이동선, 태국 현지 여행사 담당직원의 명함, 탑승했던 여행자버스의 사진, 카드 실물 사진, 배낭 사진, 등산복 바지 주머니 사진 등 가능한 모든 증명을 이메일로 보냈다.

다만 결정적인 버스 티켓의 실물과 사진이 없었다. 태국과 캄보디아의 사설 여행자버스에서는 탑승 직후 티켓을 걷어가고 돌려 달라고 해도 말을 듣지 않았다. 인터넷 검색을 통해 태국 사설 여행자버스에서 범죄의 희생양이 됐다는 적잖은 피해사례도 접했다. 필자의 경우처럼 슬쩍한 카드를 사용한 후 다시 넣어두는 치밀한 경우는 없었지만 말이다.

이후 우리는 구입한 모든 티켓의 사진을 촬영해 보관하는 습관이 생겼다. 물론 돌아보면 태국과 캄보디아를 제외한 곳에선 그럴 필요가 없었다. 아프리카와 중남미를 포함한 다른 나라들에선 버스 탑승 후에도 티켓을 회수하지 않았기 때문이다.

태국과 비슷한 사설 여행자버스와 관련된 캄보디아에서의 사기도 떠오른다. 라오스로 넘어가는 사설 여행자버스(미니봉고)의 경우 국경 인근 환승 과정에서 처음보는 사람들이 나타나 추가 비용을 요구했다.

목적지까지의 금액을 지불한 티켓의 사진을 들이밀어도 본척도 하지 않았다. 무조건 캄보디아 국경마을에서 하루를 더 자고 다음날 다른 버스를 타라고 했다.

티켓 구입처에 전화를 걸었지만, 수화기 저편에서는 안들린다는 말만 반복했다. 여행자를 대상으로 한 범죄가 조직적임을 깨달았다. 캄보디아는 공항에서 공직자가 당당하게 불법 입국 수수료를 요구하는 나라이기도 했다.

이에 따라 당시 필자와 K는 처음 만난 프랑스 여성 여행자와 국경마을 스텅트렝(Stung Treng)의 작은 방에서 억지로 하루를 더 보내야만 했다. 황당함과 분노를 오가던 프랑스 아가씨의 얼굴이 지금도 생생하다.

이후 4월 라오스에서 씨티은행이 요청한 피해보상 신청서를 출력해서 자필로 서명한 후 사진을 촬영해 이메일로 제출했다. 이후에도 은행측의 질문에는 최대한 신속하고 정확하게 답했다.

'사표' 쓰고 지구 한 바퀴

씨티은행 현지 지점과 태국 경찰의 확인결과 해당 결제건은 대면채널을 통한 거래였다. 실제 은행이 보내온 영수증 사진 파일에는 필자의 카드 뒷편에 적혀있는 서명까지 똑같이 적혀 있었다. 사이버범죄가 아닌 카드 실물을 잠시 훔쳤다는 증거일 게다.

생뚱맞은 결제장소 등 미심쩍은 부분이 적지 않지만, 필자가 잠든사이 카드를 꺼내 이동식 단말기를 통해 결제한 후 다시 넣어둔 것으로 추측하고 있다.

이후 씨티은행은 여신거래법에 의거해 전체 피해 금액의 80%를 보상해줬다.

당시 우리를 걱정해주던 캄보디아 숙소 여주인장의 말이 떠오른다.

"여기라면 피해보상은 꿈도 못 꿀 일입니다. 한국은 발전된 나라군요."

태국의 범죄자들은 지금도 아무렇지 않을까. 아마도 그럴 것이다.

다만 필자와 K가 가진 태국의 인상이 '천사들의 도시'에서 '범죄자들의 도시'로 180도 바뀌었을 뿐이다.

Tip

▶▶ 신용카드 영수증은 꼭! 보관해야

장기여행 중 신용카드 불법 사용으로 피해본 금액은 여신거래법에 따라 최대 80%까지 보상받을 수 있다. 다만 본인이 사용치 않았다는 걸 은행에 증명하는 절차에 수개월이 소요된다. 이 과정에서 이동수단 (버스, 기차, 항공) 티켓과 숙소 결제 영수증 등 행적을 증명해야 한다. 돈 거래가 있었던 증명자료는 버리지 말고 반드시 보관하는 습관을 들이자.

치앙마이 동물원의 팬더.

Ep. 003

생물같은 치앙마이 야시장

태국의 남부 요충도시 치앙마이(Chiang Mai)를 방콕보다 좋았다고 하는 여행자들을 몇 번 만났다. 치앙마이는 정방형의 호수 안에 작은 성이 있고 그 성 안에 사람들이 모여 사는 귀여운 도시다. 방콕보다 훨씬 여유롭다.

치앙마이 구시가지를 대표하는 건축물은 타페문이다. 붉은색의 흙으로 쌓은 듯한 낮은 성곽, 혹은 성곽의 잔해다.

치앙마이에서의 첫날밤. 해가 기울자 일본인으로 추정되는 젊은 부부가 타페문 바로 앞에 자리를 깔고 앉아 노래를 부르고 있었다. 부인 등에는 열살도 되지 않은 듯한 아이가 업혀있었다. 그들은 기타를 치며 일본과 태국의 노래들을 읊조렸다. 아무도 관심을 보이지 않았다.

기타치고 노래하는 부부는 행복해보였다. 그러나 아이는 끊임없이 칭얼대며 울먹였다. 숙소로 돌아오는 길. 비슷한 행색으로 연주하는 사람들을 두어명 더

태국 치앙마이 도이수텝
사원의 황금빛 탑.

한소년이 기타를 연주하고 있다.

봤다. 귀여운 이곳은 히피들에게도 인기인가 보다.

무엇보다 치앙마이에서 가장 기억나는 곳은 단연 야시장이다. 정처없이 시장을 둘러보는 일은 여행의 백미다. 특히 매주 토요일 저녁 치앙마이 우왈라이 거리에서 열리는 야시장은 쉽사리 끝을 가늠하기 어려울 정도의 규모였다. 실제 세계일주를 마치고 돌아봐도 이정도 규모의 시장은 찾아보기 힘들었다. 모든게 뒤엉켜 마치 생물 같았달까.

필자와 K는 오후 6시쯤 시장에 도착했다. 갑자기 거리에서 국가가 울려퍼졌고 모두 멈춰서 예를 표했다. 과거 우리 대한민국의 모습이다. 천천히 걸으며 둘러보니 4시간이 걸렸다. 그래도 끝은 보이지 않았다. 많은 거리 공연과 맛있는 음식들은 말그대로 오감을 자극했다.

마치 거대한 인종 박람회를 연상케 했다. 물건 구색이 다양하고 가격도 저렴했다. 심지어 중고 엘피 레코드를 취급하는 상점도 보였다. 특히 눈길을 잡아끈 연주하는 소년, 소녀, 아이들, 장애인들, 노인들. 이들은 수많은 사람들 사이에 자리를 펴고 음악을 선사했다. 교복차림의 한 소년을 봤다. 인파 속 자리를 펴고 클래식 기타를 연주했다. 사람들이 많다보니 소리는 잘 들리지 않았다. 귀를 기울였다. 안정된 연주임에도 불구하고 가락이 참으로 처연했다.

치앙마이에는 온통 황금으로 된 사원 도이수텝(Wat Phra that Doi Suthep)도

'사표' 쓰고 지구 한 바퀴

있다. 규모가 크지는 않지만, 사원까지 올라가는 300개의 계단이 유명하다. 가는 곳마다 엎드려 절하는 신심 깊은 사람들을 만날 수 있다. 시내에서 도이수텝까지는 스쿠터를 대여해서 달리면 20여분이 걸린다.

가는 길이 아늑해 방랑자의 마음을 편케 한다.

2015.3.8.3:05PM(한국시간 기준). 치앙마이 THE SIRI HOUSE에서 작성.

태국 치앙마이 타페문 앞에서 '붓다데이'를 맞아 펼쳐진 전통공연. 장대높이 매달린 꼬마의 기예가 눈부시다.

Tip

➡ 국제운전면허증

구불한 산길을 따라 15km정도 올라가는 도이수텝 가는 길은 좋은 드라이브 코스다. 스쿠터나 오토바이를 현지에서 대여하기 위해서는 국제운전면허증이 있어야만 한다. 가끔 경찰관이 동승자의 면허를 요구하는 경우도 있으니 올라탄 이들은 반드시 모두 면허를 소지하자. 국제운전면허증은 이 밖에도 쓸모가 많다. 출국하기 전 가까운 경찰서에서 발급 받아두자. 신청에서 발급까지 한 시간도 걸리지 않는다.

정글같은 캄보디아 숙소

2015년 3월 11일 태국 방콕 돈므앙 공항(Don Mueang International Airport)에서 저가항공기를 타고 캄보디아 시엠립 공항에 도착한 건 밤 9시 20분이었다. 공항에서 도착 비자를 발급받고 입국수속을 모두 마치고 물어물어 인터넷으로 예약한 숙소를 찾아가니 자정에 가까웠다. 그런데 방이 없단다. 황당하게도 우리가 너무 늦었다는 주인장의 말.

3층 도미토리로 가서 하루만 보내면 다음날 방을 무료로 내주겠단다. 그러나 건물은 분명 2층이 전부다.

"혹시 '방'이 옥상인가요?" 필자의 질문.

"네. 가장 쌉니다." 인상좋은 주인장의 대답.

사다리를 올라보니 12개의 침대가 문도 없이 지붕만 있는 옥상에 가지런히 누워있다. 2명의 다른 객은 이미 깊은 잠에 빠져있다.

캄보디아 시엠립의 정글같은 숙소. 이만한? 곳은 이후 아프리카에서 다시 한 번 머물게 된다.

둘러보니 호스텔 밖은 그 이름(Urban jungle hostel)처럼 마치 (달빛아래) 정글같다. 눈을 뜨니 다음날 새벽 4시 30분. K는 잠을 이루지 못한 듯 홀로 일어나 시골마을의 일출을 보고 있다. 바퀴벌레를 본다. 마음이 간지러웠다.

이어 13일 크메르인의 유산으로 잘 알려진 앙코르 유적을 관람하고 오후 숙소 인근에서 포장마차를 발견한다. 가이드북에도 나오지 않는 음식인데다가 주인장과 말도 통하지 않는다.

손가락과 눈빛을 통해 알아낸 가격은 동그란 것 하나에 200리엘(캄보디아 통화). 200리엘은 0.05미국달러에 불과하기 때문에 한화로는 60원 수준이다.

캄보디아의 1인당 국민총생산(GDP)은 세계 최하위권이지만, 앙코르와트가 위치한 시엠립의 물가는 태국보다도 비싸다. 관광객 가격이 따로 있기 때문이다. 그런데 이 음식은 이른바 현지인 가격인 것이다.

맛이 고소하다. 이어 건네받은 소스에 찍었더니 달콤하다. 앞니가 하나밖에 남지 않은 동네 할아버지가 껄껄 웃으신다.

그 순간 한 남자가 다가와 나무조각을 상 아래로 집어 넣는다. 아래를 보니 이동용 아궁이가 있다. 이른바 장작불구이다. 느낌이 좋아 옆에 있는 부침개도 시켰더니 3000리엘(75센트, 약 850원)을 부른다. 관광객임을 알았던 듯하다. 생각보다 너무 비쌌지만, 부침개에 곁들여 푸성귀를 잔뜩 주신다. 상추, 허브, 고수 등. 식사를 마친 상차림이 마치 정글같다.

2015.3.12.11:4PM(한국시간 기준). 캄보디아 시엠립 URBAN JUNGLE HOSTEL에서 작성.

캄보디아 시엠립 포장마차에서 한화 60원에 사먹은 길거리 음식

'사표' 쓰고 지구 한 바퀴

유적지의 끝판왕 앙코르와트, 정전

2015년 3월 15일 새벽 5시 자전거를 타고 앙코르 유적군을 다시 살폈다. 크메르인이 남긴 앙코르 유적(Angkor Wat 등)은 세계일주를 마친 후 돌아봐도 분명 '끝판왕'이라고 불릴만한 장관이다. 규모와 내용 모두 오직 이집트 문명과 유적만이 비견 가능할 정도다. 대한민국에서 가까운 곳에 이런 근사한 유적이 있다는 건 여행자에겐 행운이다.

자전거 강행군을 마치고 호스텔로 돌아온 시간은 밤 9시 경. 식사 및 중간 휴식 시간을 제하고 약 14시간이 걸렸다.

무더운 날씨에 자전거를 타면 굉장히 힘들다. 그럼에도 불구하고 캄보디아 대중교통 수단인 '툭툭'(오토바이를 개조한 삼륜차)이나 택시, 미니버스에 몸을 싣고서는 느낄 수 없는 많은 것들을 천천히 보고 또 만질 수 있다.

길에서 만난 어여쁜 아이의 웃음, 사색에 빠진 소년 등. 자전거 여행은 분명

캄보디아 앙코
르와트를 바라
보며 사색에 빠
진 현지 소년

'사표' 쓰고 지구 한 바퀴

신비한 앙코르와트의 일출

캄보디아 앙코르와트 자전거 여행 중
만난 어여쁜 현지아기

삶에서 가장 행복한 일중 하나다.

　호스텔 복귀후 녹초가 됐지만, 시엠립 시내 전역에 닥친 정전으로 전기가 끊기고 물도 나오지 않는다.

　뜨거운 방에서 촛불 하나로 밤을 보낸다. 별빛은 어느때보다 밝다.

2015.3.17.11:50PM(한국시간 기준).
캄보디아 시엠립 288 BOUTIQUE VILLA에서
작성.

앙코르톰의 바이온. 온화한 미소로
유명하다.

Tip

➤➤ 반바지는 안돼요!

앙코르와트 유적군 중 일부 지역은 반바지와 민소매 차림으로 다닐 수 없다. 날이 더워도 반드시 긴 소매 옷을 준비해야한다. 무덥기 때문에 충분한 물과 손수건도 필수다.

국경에 버려지다

　캄보디아를 나서 라오스로 향하는 육로 국경 통과가 만만치 않았다. 시엠립 여행자거리에서 헐값에 구입한 사설 여행자봉고 버스가 문제였다. 이른 아침 시엠립 숙소로 마중 온 미니밴에 몸을 싣고 고속도로를 달린다. 이 버스는 후 진국의 많은 사설 여행자 교통수단이 그렇듯, 마을에 들러서 옥수수 가마니를 싣고, 현지인도 태우고, 또 다른 현지인도 태우고, 길에 서 있던 귀여운 동자승 들도 태웠다.

　앞서 캄보디아 여행사에서 목적지인 라오스 시판돈 도착시간이라고 했던 오 후 3시. 운전기사가 캄보디아 스텅트렝이라는 국경마을 식당에 나와 K 그리고 프랑스 아가씨 한 명을 내려놓는다.

"여기서 환승하세요."

　4시까지 보낸다던 환승차는 올 기미가 안보인다. 목이타 그들이 만드는 사

황량한 캄보디아–라오스 국경 마을 스텅트렝에서 본 일몰

'사표' 쓰고 지구 한 바퀴

탕수수줍을 한잔 마신다. 5시가 넘어 해가 빨갛게 물들자 처음보는 여행사 직원이 어슬렁 어슬렁 나타난다.

"오늘 너무 늦어서 국경을 통과할 수 없습니다. 근처서 하루 자고 내일 아침 11시에 출발해야 합니다."

프랑스 아가씨와 함께 항의해보지만, 출입국 사무소가 문을 닫았기 때문에 답이 없단다.

어쩌겠나. 오토바이 뒷자리에 몸을 맡기고 그들이 안내한 게스트하우스까지 달린다.

도착하니 도미토리가 아닌 작은 트윈룸이다. 3명이 어색하게 2개 침대에 재주껏 눕는다. 방 열쇠는 1개뿐이다. 샤워후 함께 나가 국수를 사먹고 다시 눕는다. 프랑스 아가씨는 분을 못이겨 계속 욕한다.

어둑해질 무렵 K와 함께 손바닥만한 동네를 걷는다. 라오스 시판돈 돈뎃 섬에서 보려던 일몰을 시골마을 스텅트렝에서 본다. 스텅트렝의 닭들은 목과 다리가 길다. 닭목만큼이나 긴 하루였다.

2015.3.19.10:27PM(한국시간기준), 캄보디아 스텅트렝 이름모를 게스트하우스에서 작성.

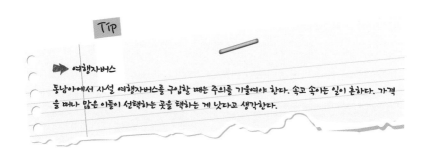

TIP

➡ 여행자버스

동남아에서 사설 여행자버스를 구입할 때는 주의를 기울여야 한다. 속고 속이는 일이 흔하다. 가격을 떠나 많은 이들이 선택하는 곳을 택하는 게 낫다고 생각한다.

Ep.007

단절의 평화, 라오스 돈뎃섬

적성국 라오스 최남단엔 크고 작은 섬들 4천여 개가 있다. 현지에선 총칭 '시판돈(현지어로 4천개의 섬)'이라고 불리는 곳이다. 그 많은 섬들 중 가난한 배낭여행자에게 인기있는 곳은 단연 돈뎃섬이다.

이웃나라 캄보디아와의 국경마을 스텅트렝에서 버스로 30분, 배로 10분을 더 이동하면 닿을 수 있는 돈뎃섬은 한마디로 '아무것도 없는' 곳이다.

동남아시아의 '젖줄' 메콩강 줄기를 따라 낡은 방갈로가 늘어서 있고 방갈로 앞엔 해먹이 걸려있다.

해먹에 몸을 맡기고 메콩강의 진주홍빛 일몰을 바라보면 세상에 부러울 게 없다. 세상과 철저히 단절된 곳이라서 그럴 게다. 실제로 장기계약 후 몇 달씩 머무르며 세월을 낚는 여행객들도 적지 않다.

돈뎃섬에는 아무것도 없는 듯하지만, 실상은 그렇지 않다. 하늘이 있고 땅이

라오스 돈뎃섬에 머물고
있는 늙은 여행자. 메콩강
에서 수영하고 직접 요리
해 배를 채운다.

라오스 돈뎃섬의 붉은
일몰. 절로 사색에 잠기
게 한다.

라오스 돈뎃섬 곳곳에서 볼 수 있는 한가한 소들.

있고 물이 있고 해가 있고 달이 있고 돼지가 있고 소가 있고 날벌레가 있다. 다들 각자의 생을 열심히 살아가고 있다. 글을 적고 있는 지금도 분명히 그럴 것이다.

　배가 드나드는 손바닥만한 번화가로 나서면 어디선가 자메이카의 레게가수 밥말리(Bob Marley, 1945~1981)의 음악이 흘러나온다. 젊은 서양인들은 음악에 감전된 듯 작은 바에 드러누워 꼼짝도 않는다. 장기 체류를 넘어 이곳에 평생 눌러 앉은 이들도 있다. 레게바의 사장도 이 섬이 좋아 터전을 옮긴 남자라고 들었다.

메콩강에서 수영하고 해먹에서 잠들면 어느덧 해가 진다. 닷새를 머물렀지만, 하루 같기도 하고 영원 같기도 하다.

우리가 머문 외진 게스트하우스에는 나와 K를 제외하면 독일 노인 한명만 있었다. 키가 크고 흰 수염으로 얼굴이 뒤덮인 그는 매일 2번씩 수영하고

라오스 돈뎃섬을 둘러싼 메콩강 위로 해가 저물고 있다.

나무조각들을 구해 불을 지펴 간단한 채소요리를 직접 만들어 먹었다.

하루는 그와 함께 수영했다. 그는 이곳이 좋아 몇 주째 머무르고 있다고 말했다. 근사한 웃음이 그가 지나온 생이 헛되지 않았을 것임을 짐작게 했다. 그의 웃음은 단절과 평화 그 둘을 모두 감싸안고 있었다. 다른 도시로의 이동을 위해 짐을 꾸리고 마지막으로 해먹에 몸을 맡겼다. 마치 첫 만남처럼 설레였다. 몸도 마음도.

2015.3.24.12:12PM(한국시간기준), 라오스 돈뎃 MANISAP 게스트하우스에서 작성

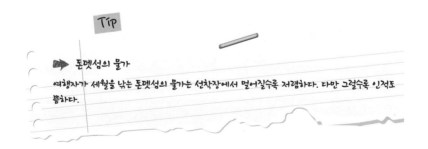

Tip

➡ 돈뎃섬의 물가

여행자가 세월을 낚는 돈뎃섬의 물가는 선착장에서 멀어질수록 저렴하다. 다만 그럴수록 인적도 뜸하다.

하늘을 달리다. 볼라벤 고원

　라오스 볼라벤 고원(Bolaven Plateau)의 하늘은 무척 가깝다. 라오스 남부의
요충도시 팍세(Pakse)에서 시가지를 벗어나 60km가량 오르내림을 반복하는
매력적인 길을 오르면 볼라벤 고원에 닿을 수 있다.
　하늘을 달리는 기분이랄까. 구름마저 한산하다.

　볼라벤 고원 인근에는 커피농장으로 유명한 팍송(Paksong)도 있다. 집과 상
점이 많다. 근사한 은행도 보인다. 아이들이 많은지 두집 걸러 한집이 학교다.
아이들은 떠들며 공을 찬다.
　팍송을 지나 조금 더 오르면 높고 넓어 가슴이 탁 트인다. 어느 노랫말처럼
'끝없이 바라볼 수 있을' 듯하다.
　볼라벤 고원은 최고 해발 1200m로 사실 그리 높지는 않다. 그럼에도 해발

볼라벤 고원의 푸른 하늘.

고도 4000m를 오르내렸던 세계일주 중 손에 꼽을 만큼 가깝고 아름다운 하늘을 볼 수 있었던 곳이다.

팍세에서 오토바이를 렌트할 경우 중간에 있는 리피 폭포 관람 및 커피 한 잔을 포함한 휴식 등에 왕복 5시간이 걸린다.

다만 길이 울퉁불퉁하거나 포장되지 않은 곳이 있어 시속 50km이하의 저속 주행이 필수다.

어둑할 무렵 도시로 내려오니 하늘에서 하루를 묵어볼 걸 하는 생각이 들었다. 언젠가는 다시 가보리라.

2015.3.27.16:42PM(한국시간기준), 라오스 비엔티엔 DHAKAR 게스트하우스에서 작성.

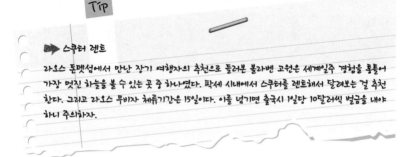

Tip

➡️ 스쿠터 렌트

라오스 돈뎃섬에서 만난 장기 여행자의 추천으로 들러본 볼라벤 고원은 세계일주 경험을 통틀어 가장 멋진 하늘을 볼 수 있는 곳 중 하나였다. 팍세 시내에서 스쿠터를 렌트해서 달려보는 걸 추천한다. 그리고 라오스 무비자 체류기간은 15일이다. 이를 넘기면 출국시 1일당 10달러씩 벌금을 내야 하니 주의하자.

'사표' 쓰고 지구 한 바퀴

여행객은 집으로

　　라오스의 당당한 수도 비엔티엔(Vientiane)을 거쳐 약 150킬로미터 떨어진 곳의 관광지 방비엥(Vang Vieng)으로 이동했다. 방비엥은 중국의 명소 '계림'에 비길만하다 해 '작은 계림'으로 불린다. 과거 베트남 전쟁때는 미군 공군기지로 사용됐던 아픔도 있다. 몇 년전 방송된 모 예능 프로그램의 영향일까. 수많은 한국인을 만날 수 있는 곳이다.

　　방비엥은 아름답다. 물길을 따라 산이 솟아 그윽하다. 곳곳에서 라오스 국화 참파꽃(프렌지파니) 향기가 난다.

　　쏭강 바로 앞 경치좋은 곳 허름한 방갈로를 구해 강물에 몸을 적셨다. 숙소 안팎의 구분이 명확하지 않은 옛날 집이다. 방 앞에선 말과 소가 풀을 뜯는다.

　　그러나 밤새 잠을 이루지 못했다. 지붕에서 들리는 꿍음 때문이었다.

　　무슨 한이 있는지 새벽 5시까지 30분 간격으로 울음을 멈추지 않았다. 생애

라오스 방비엥의 명물 블루라군에
서 다이빙을 즐기는 젊은이들.

라오스 국화 참파꽃(프렌지파니)
모양의 예쁜 의자.

'사표' 쓰고 지구 한 바퀴

처음 듣는 소름이 돋는 소리. 이미 눕기 전 바퀴벌레 3마리를 잡은 후였다.

숙소 주인장은 특별한 종류의 게코(도마뱀)라며 사람을 무서워한다고 말했다. 사실 강가에서 벌레나 도마뱀이 무슨 대수일까. 다들 각자의 생을 살아가는 중일 터.

일부 여행객들은 라오스가 급격히 망가지고 있다고 한탄한다. 지난 2008년 뉴욕타임즈가 인상적인 관광지 1위로 이곳을 선정한 후 인기가 높아지면서 사람과 함께 돈이 물밀듯 들어오기 때문일 것이다.

그러나 자본과 수요없이 시멘트로 벽을 바르고 전기가 들어오는 집을 지을까. 또 관광객이 '망가지고 있다'고 말하는 건 과연 온당할까. 아이러니다.

벌레에게 필자같은 인간이 수라이듯 현지인에게 외부인은 지옥일 수 있다.

'Tourlists go home!(여행객은 집으로!)'

동서양 젊은이들로 가득한 블루라군서 돌아오는 길 본 낙서가 기억에 서린다.

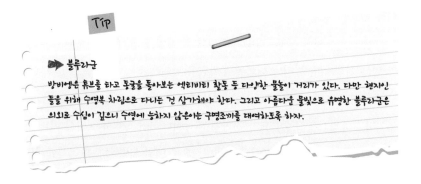

Tip

➡ 블루라군

방비엥은 튜브를 타고 동굴을 돌아보는 엑티비티 활동 등 다양한 물놀이 거리가 있다. 다만 현지인들을 위해 수영복 차림으로 다니는 건 삼가해야 한다. 그리고 아름다운 물빛으로 유명한 블루라군은 의외로 수심이 깊으니 수영에 능하지 않은이는 구명조끼를 대여하도록 하자.

루앙프라방의 경이로운 탁밧

관광객과 시민들로 뒤섞인 새벽 6시 라오스 루앙프라방(Luang Prabang). 시민들이 무릎꿇고 무언가를 기다린다. 곧 승려들이 나타나자 저마다 진지한 손길로 준비해온 밥을 덜어준다. 밥과 함께 서양과자를 건네는 한 아주머니. 동자승이 몰래 웃는 듯하다. 승려들은 불우한 이웃에게 이를 돌려주기도 하고 염불을 외우기도 한다. 곧 해가 주홍빛 얼굴을 내민다. 승려들이 걸친 옷을 닮은 색이다. 도시에 활기가 솟는다.

이 풍경은 유명한 루앙프라방의 탁밧이다. 루앙프라방은 평화로워 스트레스가 없는 여행지다. 그러나 새벽에 부지런을 떨어야만 탁밧을 볼 수 있다. 이는 도시를 뒤덮고 있는 80여 개의 사원에서 쏟아져 나온 승려들이 시주를 받는 행렬이다. 이 의식은 소승불교가 전파된 태국이나 라오스에서는 사실 어디에서나 쉽게 볼 수 있다. 그러나 이렇게 대대적으로 매일 새벽 탁밧을 목격할 수 있는 곳은 루앙프라방이 유일하다.

해와 강으로 둘러쌓인 이 오래된 도시는 사람마저 아름다워 유네스코 문화유산으로 지정됐다.

오후 들린 인근 꽝시폭포. 울창한 나뭇잎 사이로 비치는 해. 그 아래로 굽이치는 물의 느낌은 한마디로 정의하기 어렵다. 해가 중천을 넘어가자 물고기들이 신나게 물을 가른다. 사람은 그저 물에 몸을 반쯤 담그고 해의 손길을 느낀다.

라오스 루앙프라방의 명물 탁밧.

탁밧을 보고 꽝시폭포에서 돌아와 게스트하우스 마당에 빨래를 널었다. 해는 이미 보이지 않았다. 그러나 해는 또다시 떠오른다. 내일의 해에게 고마움을 전했던 하루다.

2015.4.2.12:21PM(한국시간기준), 라오스 루앙프라방
TEPHAVONG 게스트하우스에서 작성.

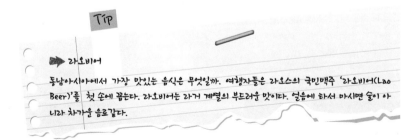

Tip

라오비어
동남아시아에서 가장 맛있는 음식은 무엇일까. 여행자들은 라오스의 국민맥주 '라오비어(Lao Beer)'를 첫 손에 꼽는다. 라오비어는 라거 계열의 부드러운 맛이다. 얼음에 타서 마시면 술이 아니라 차가운 음료같다.

아름다운 라오스 루앙프
라방의 영소 꽝시폭포.
마치 라오스처럼 부드럽다.

봄의 도시 중국 쿤밍, 추이후 공원

라오스, 그리고 루앙프라방을 떠나기가 어지간히 싫었었나보다. 라오스 최
북부도시 루앙남타에서 하루 머물고 중국-라오스 접경 마을 모한으로 올라가
려던 일정을 접고 루앙프라방에서 중국 윈난성(雲南省-운남성) 최대도시 쿤밍(昆
明-곤명)으로 직행하는 밤샘 버스를 택했다.

사실 루앙프라방에서 무비자 15일 기한을 꽉 채웠기 때문에 별다른 방법이
없기도 했다. 결론적으로 루앙프라방-쿤밍 직행버스는 27시간이나 걸린 꽤
힘든 경험이 됐다. 표를 구입할때는 22시간이면 도착한다고 했었지만 말이다.
이 버스는 대우에서 오래전에 만든 슬리핑 버스다. 일반 버스보다 천정이 높고
2층 침대가 3줄로 누워있어 비좁았다. 동반자 K는 이 버스에서 받은 고통으로
이틀을 앓아누웠다.

대부분이 비포장인 라오스 산길을 10시간 덜컹덜컹 누워서 갔다. 길의 구불

라오스 루앙프라방에서 중국 쿤밍으로 가는
직행버스. 무려 27시간이 걸렸다.

거림은 아찔함을 선사했다. 고도도 높아 도로 바로 옆은 천길 낭떠러지였다.

직행이라는 말이 무색하게 중간 중간 중국인들이 내리고 타고를 반복했다. 나중에는 정원을 초과해 1층 침대칸에 탄 사람들은 2~3명이 한 침대에 앉아서 갔다. 인구가 많아서일까. 아무도 뭐라고 하지 않았다. 눕지도 못하고 오랜 시간을 견뎌낸 그들에게 경의를 표하고 싶다.

오후 6시경 도착한 라오스-중국 국경에서의 육로통과는 문제가 없었지만, 초라한 라오스의 출국장과 거대한 중국의 입국장이 대비되면서 동남아시아를 떠난다는 사실이 실감났다.

밤 9시쯤 길거리 식당서 저녁을 먹고 버스에 올라 설잠을 자고 깨어보니 넓은 고속도로였다. 오랜만에 대한민국과 비슷한 풍경을 봤다.

쿤밍 남부 버스터미널에는 4일 오전 10시 30분(현지시간 기준)이 넘어서야 도착했다. 지하철을 타고 은행이 모여있는 시내 중심가로 물어 물어 이동했다.

'영원한 봄의 도시' 쿤밍은 이곳이 중국임을 실감케했다. GPS가 거의 작동하지 않고 영어를 사용하기도 상당히 어려웠다. 보안문제로 페이스북 같은 SNS도 사용하기가 까다로웠다.

또 이날이 중국 청명절(4월 4일~6일) 연휴의 시작이라 은행이 문을 닫아 환전도 어려웠다. 눈물을 머금고 수수료를 내가며 ATM에서 위안화를 출금했다.

'사표' 쓰고 지구 한 바퀴

중국 쿤밍의 뒷골목 사이로 보이는 빌딩숲.

　　예정했던 게스트하우스에도 청명절로 방이 없어 인근 저렴한 호텔에 거취를 정했다. 게스트하우스에는 명절을 즐기려는 중국인과 서양인이 절반씩 있는 것으로 보였다.

　　높은 곳에 자리잡은 쿤밍은 생각보다 매우 크고 깨끗했다. 하늘이 맑고 사계절 내내 꽃이 지지 않는다고 한다.

　　거대한 글로벌 은행들과 백화점, 늘어선 상점과 식당들이 한국의 명동을 연상케 했다. 수도 베이징과 달리 매연도 없어 상쾌했다. 허름한 골목길에서 올

갈매기가 많은 중국 쿤밍 추이후 공원의 유명한 동상.

려다본 거대한 은행건물이 묘한 인상을 남겼다.

다음날, K가 감기기운이 있어 예정보다 하루 더 머무르기로 했다. 고산지대인 따리―리장― 샹그릴라 이동에는 체력이 필요해서다.

중심거리 진비광장 인근 유명 게스트하우스로 숙소를 옮기고 편안히 도시를 둘러봤다. 청명절 연휴를 즐기는 사람들로 북적였다. 한번 탑승하는데 1위안(약 180원)인 버스가 거미줄처럼 얽혀있어 간단한 한자만 알아도 이동은 어렵지 않았다.

윈난대학 바로 아래 위치한 추이후 공원(翠湖公園―취호공원). 넓은 호수위로 연꽃이 피고 갈매기가 그 위를 날고 있었다. 사람들은 나이와 성별을 가리지 않고 춤추고 노래했다.

일부는 이미 접신의 경지다. 멋지게 얼후를 연주하는 노인도 정취있었다. 할머니들의 노래솜씨도 예사롭지 않았다.

인근 쿤밍 동물원은 나들이 나온 가족들로 인산인해였다. 우리에 갇힌 맨드릴이 무섭게 쏘아보고 긴팔 원숭이의 근육이 꿈틀거렸다.

우리밖 사람들은 모두들 그저 웃고 있었다. 가진게 너무 없어보이는 이도 있었고 너무 많아보이는 이도 있었다.

'사표' 쓰고 지구 한 바퀴

추이후 공원의 정취있는 연주자.

케이팝에 맞춰 몸을 흔드는 아주머
니, 추이후 공원.

할머니의 처량한 노래를 듣던 아버지가 옆에선 아들의 손을 꼭 잡았다. 그의 옷자락은 허름하고 얼굴은 까맸다. 더 새까만 아들은 고개를 들어 아버지를 바라봤다. 아이는 무척 놀란듯했다.

2015.4.6.10:57PM(한국시간기준), 중국 쿤밍 HUMP게스트하우스에서 작성.

얼하이 호수.

Ep. 012

오래된 성, 어지러운 사이키

'千年古城(천년고성)' 따리(大理-대리). 고도가 높은 이곳의 하늘은 특산품 대리석처럼 깨끗하다. '風花雪月'(풍화설월). 바람, 꽃, 눈, 달이 유명하다.

중국인들이 가장 선호하는 관광지는 남서부 소수민족이 모여사는 윈난성(雲南省-운남성)이다. 윈난성의 한 도시인 따리의 원주민 바이족(白族-백족)은 벽돌로 집을 짓고 벽을 흰색으로 칠한다. 벽에는 흰 공간을 남겨둔다.

그 공간에 무엇을 채울까. 그건 주인장 맘이다. 글귀가 있는 집도 있고 정겨운 그림이 그려진 집도 있다.

그렇다면 유명한 따리고성은 무얼 채웠나. 다름 아닌 돈이다. 천년 전 수로를 따라 물은 여전히 흐르는데 밤이 되면 시끄러운 대중음악과 사이키가 남발한다.

골목을 찾아 들어가야 관광객의 고성과 노래소리가 들리지 않는다.

고성 동문 밖 얼하이호수(耳海-이해호수). 사람의 귀를 닮아 얼(耳)이고 바다같아 하이(海)다.

바다를 못봤던 몽골군이 이곳에 와서 '이게 바다구나' 했다는 설이 있단다.

충전식 오토바이를 렌트해 3시간을 달렸지만 절반은 커녕 5분의 1도 보지 못한다. 몽골군의 착각이 절로 이해된다.

고성밖 골목길을 달리며 따리를 다시 본다. 주민들의 도움으로 멈춰선 오토바이에 전기밥을 먹인다. 말은 통하지 않지만 정겹다.

구름에 가리웠던 해가 고개를 내민다.

다음날 이른 아침 따리서 기차를 타고 리장(麗江-여강)에 도착한다. 시내버스로 고성까지 이동한다.

이곳의 원주민은 나시족(納西族-납서족)이다. 나무로 지은 전통가옥이 과거 대규모 지진에도 그대로 남아 유네스코 세계문화유산으로 지정된 곳이다.

한 일본 남자는 이곳을 보고 만화를 그렸고 많은 이들이 그 작품을 사랑한다. 한 한국 여인은 이곳 남자와 사랑에 빠져 현지 식당 겸 주점의 주인장이 됐다.

버스에서 내려 유명한 모 호스텔을 찾아 배낭을 매고 걷는다. 40분쯤 걸었을까. 눈에 띈 여행사 직원에게 물어보니 호스텔 이름이 바뀌었단다.

찾아가 방과 가격을 묻는다. 느낌은 좋지만, 리노베이션 후 가격이 올랐단다. 배낭을 매고 나와 인근 객잔 몇 곳을 둘러본다. 깔끔하고 조용한 공간을 찾

따리의 명물 맥주, 풍화설월.

아름다운 따리 고성.

리장 고성의 밤. 기타치는 젊은이를
바라보는 사람들.

'사표' 쓰고 지구 한 바퀴

아낸다. 강아지가 반기지만 주인장은 영어를 못한다.

필기구를 꺼내 웃으며 흥정을 하니 1박 150위안이었던 가격이 금새 100위안으로 내린다. 2인 기준 유명 호스텔 도미토리 가격과 엇비슷하지만, 여행 후 가장 넓고 좋은 더블룸이다.

리장 고성은 아기자기하다. 한 여행자는 세계에서 세 손가락안에 드는 올드타운으로 이곳을 꼽았다. 십여분 언덕을 올라 밑을 내려다 보니 그 의견에 수긍이 간다.

휴식을 취하고 어둑해질 무렵 숙소서 저녁을 먹으러 나가는데 주인장과 일하는 여인이 우리를 부른다. 젓가락을 들더니 밥을 같이 먹자는 동작을 취한다. 도가니수육, 감자부침, 제육복음, 볶음밥, 쌀밥, 누룽지가 차려진다. 중국식 이름은 다르지만 한국 음식과 거의 비슷한 감칠맛이 난다.

금새 밥을 비우고 아이패드와 스마트폰이 동원된 대화가 오간다. 식사후 지갑을 열어 사례하려하자 손사레를 치며 웃는다. 고개숙여 인사하고 어둑해지는 거리를 걷는다.

한 건물 유리창을 통해 본 작은 공간에 십수명이 앉아있다. 모두 기타를 치며 노래하는 한 남자를 보고 있다.

노래하는 이는 힘차다. 노래를 마치고 맥주잔을 들자 모두가 잔을 든다. 소리는 들리지 않지만 열기가 전해진다.

뱃속에서 밥이 출렁였다.

2015.4.11.09:48AM(한국시간기준), 중국 리장 JINWO 객잔에서 작성.

Ep. 013

호도협의 빛나는 별

　중국 남서부 윈난성(雲南省-운남성)은 천혜의 자연이 압도적이다. 윈난성 서부에는 호랑이가 뛰어서 건넜다는 전설로 유명한 협곡 후타오샤(虎跳峽-호도협)가 있다. 해발고도 5000m가 넘는 2개의 설산 사이로 힘차게 흐르는 물줄기가 인상적이다. 이 계곡을 따라 걷는 트레킹 코스가 뛰어나다.

　2박 3일 트레킹 중 이틀째. 여행객이 찾지 않는 산속 신설 객잔으로 숙소를 정했다. 성수기를 대비한 듯 시설공사가 한창이었지만, 가격대비 객실시설과 전망이 뛰어나서다. 짐을 풀고 저녁식사를 하려니 메뉴판이 없다. 주인장이 냉장고를 가르키더니 마음껏 고르란다. 방값 협상 중 저렴히 머무는 대신 그곳에서 저녁을 먹기로 한 터다.

　K와 돼지고기, 감자, 피망을 택한다. 쌀밥을 곁들이니 간이 잘 맞는다. 중국음식이 싫다던 K도 그릇을 싹 비운다.

중국 윈난성 호도협 트레킹 중 만나는 마을 모습.

식사 후 객잔 옥상에 오르니 칠흑같은 어둠이다. 마침 달도 산뒤로 숨어 마치 비단같다. 수없이 많은 별들이 그림처럼 촘촘히 박혀있다.

탁자에 드러눕자 별똥별이 떨어진다. 별똥별과 별 사이로 비행기도 두어대 날아간다. 기온까지 온화해 행복감만 가득하다. 많은 생각을 했다. 그런데 그 생각이 무엇이었는지는 기억나지 않는다. 어쩌면 억지로 지워버렸겠지.

호도협은 만년설을 바라보며 걷는 전형적인 트레킹코스다. 아래위로는 평평하지만 옆으로는 굴곡진 구간이 인상적이다. 한 발만 더 디뎌도 다른 풍경이 보인다. 이 구간은 걸음이 빠르면 첫째날, 천천히 즐기면서 오르면 둘째날 만날 수 있다.

마지막으로 트레킹을 하면 한국인 누구나 들러간다는 산 중턱 모 유명 객잔에서 겪었던 일을 적어둔다.

객잔 곳곳엔 한글 등 한국의 흔적이 가득했다. 식사메뉴 중 우리의 삼계탕도 인기란다. 근처 객잔에서 하루를 보내고 느즈막히 올라 커피를 마실 때다. 다른 객은 보이지 않는다.

중국인 주인장 왈 "한국인이 많이 오는데 한국인과 중국인은 싫습니다. 게으

호도협 트레킹 중 멀리 보이는 설산.

객잔의 전망대 위로 해가 뜨고 있다.

르고 산에 쓰레기를 마구 버립니다.”

검게 탄 필자가 한국인처럼 안보였나. 아니면 알고 한 소리인가. 주인장의 눈빛과 인상을 보니 괜한소리를 할 타입은 아니었다. 안그래도 이틀동안 산에서 적지않은 쓰레기를 보아온 터다. 안타까울 따름이었다.

2015.4.16.12:13AM(한국시간기준), 중국 호도협 모 객잔에서 작성.

'사표' 쓰고 지구 한 바퀴

마음속의 해와 달

중국 윈난성(雲南省-운남성)의 최서부 도시 샹그릴라(shangrila) 고성내 백계사에 오른다. 이곳 여인과 결혼해서 몇 년을 살고있는 남자가 추천해 준 장소다. 탁트인 경관이 일품이다. 눈이 시원해지자 어디선가 거센 바람이 불어온다.

불교경전이 적힌 알록달록 타르쵸도 바람에 몸을 싣는다. 샹그릴라는 티베트어 '샴발라'(Shambala)에서 비롯된 이상향을 일컫는다. 결코 도달할 수 없는, 그리고 아마도 존재하지 않을….

또 현지어로 샹그릴라는 '내 마음 속의 해와 달'이라는 의미라고 한다. 이상향은 실체가 없다는 의미일게다. 세계적으로 샹그릴라가 유명해진 계기는 20세기 초중반 서양 소설가의 한 작품 때문이다.

현재의 모습은 어떨까. 샹그릴라라는 이름은 중국 정부의 관광산업에 적극 활용되고 있다. 지난 1997년 중국 정부는 윈난성 중덴(中甸) 지역을 티벳 전

중국 샹그릴라 백계사의 풍경. 티베트의 상징 타르쵸가 눈길을 끈다.

중국 샹그릴라의 유명한 사원 송찬림사(松赞林寺). 규모가 거대한데 티베트의 포탈라 궁을 본떠 만들었다.

'사표' 쓰고 지구 한 바퀴

설로 내려온 샹그릴라의 실체라고 공식 발표했다. 여러 고증과정을 거쳤다고 했다.

이상향에 대한 호기심 그리고 서양인의 오리엔탈리즘을 충분히 자극할만한 소재였을 것이다. 그리고 중국은 기회를 잡았다. 티베트의 슬픈 현실을 포함해서 역사는 현재 진행형이고 강자의 편이니.

그럼에도 불구하고 이곳의 자연은 높고 넓으며 수천, 수만년 전처럼 눈부시게 도도하겠지.

얼마 전 샹그랄라에는 큰 불이 났다. 필자가 방문했을 때도 복구가 한창이었다. 이상향에 불이라니. 우리는 없는 것을 알면서도 갈구하고 방랑한다. 마치 여행처럼. 다만, 내일은 해와 달이 더 맑게 떠오르길 바랄 뿐이다.

2015.4.17.10:48PM(한국시간기준), 중국 샹그릴라 Nomadic home 객잔에서 작성.

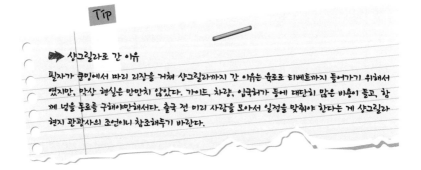

Tip

샹그릴라로 간 이유
필자가 쿤밍에서 따리 리장을 거쳐 샹그릴라까지 간 이유는 육로로 티베트까지 들어가기 위해서였지만, 막상 현실은 만만치 않았다. 가이드, 차량, 입국허가 등에 대단히 많은 비용이 들고, 함께 넘을 동료를 구해야만해서다. 출국 전 미리 사람을 모아서 일정을 맞춰야 한다는 게 샹그릴라 현지 관광사의 조언이니 참조해두기 바란다.

하룻밤의 꿈 홍콩

몽중인(夢中人). 꿈꾸던 사람. 옛 홍콩영화 주제가다.

97학번인 필자 세대엔 아시아권 영화감독 몇이 유명했다. 그린파파야향기를 만든 베트남의 트란안홍과 중경삼림을 만든 홍콩의 왕가위가 대표적이다.

최근 활약하는 이안 감독과 같은 깊이는 부족하지만(이안 감독을 좋아한다) 당시 왕가위의 인기는 대단했다.

그는 삶을 흐르는 색에 담았다. 영상을 만든 단짝 카메라감독도 명성을 얻었다. 왕가위는 이후에도 인상적인 작품들을 남겼고 적잖은 사랑을 받았다.

당시 남학생들은 중경삼림 주제가를 부른 왕정문(王非, 왕페이)을 좋아했다. 짧은 머리, 하얀 얼굴, 노란 티셔츠, 마마스 앤 파파스 이런 것들은 20년이 넘은 지금도 기억할 수 있다.

예정에 없던 홍콩에 가게됐다. 급히 구한 가장 저렴한 네팔행 항공권이 홍

영화 중경삼림의 한 장면.

콩을 경유해서였다. 단 이틀간의 짧은 여정. 우연한 일이지만, 당시 인터넷을 통해 이소룡(Bruce Lee, 1940~1973)의 영화 당산대형도 다시 봤다. 매력적인 미소는 여전했다.

여행을 다녀보니 관광객을 대상으로 한 시대의 아이콘도 바뀌는 듯했다. 동남아시아 어느 나라에나 자메이카의 레게 뮤지션 밥말리(Bob Marley, 1945~1981)의 티셔츠가 없는 곳이 없다. 심지어 중국 고성에도. 득세하던 영국 밴드 비틀즈는 상대적으로 드물다. 쿠바 혁명가 체게바라(Che Guevara, 1928~1967)도 밥말리 옆에 반드시 있다.

아시아권에선 여전히 이소룡이 독보적인 아이콘이다. 왜일까.

뭐 이래도 좋고 저래도 좋았다. 기억하지만 한번도 꿈꿔보지 않았던 도시. 홍콩에서 하룻밤의 꿈을 꾸었다.

2015.4.19.9:53PM(한국시간기준), 중국 쿤밍 YIFEICUI HOTEL에서 작성.

Tip

➡ 홍콩은 딤섬
단기 관광으로 자주 찾는 홍콩은 야경이 멋있고 적당한 가격에 맛볼 수 있는 먹거리도 많다. 딤섬은 명불허전이다.

신들의 도시, 네팔 카트만두

"싼토스!" "싼토스!" 4월 21일 밤 12시경 네팔 수도 카트만두(Kathmandu) 의
여행자거리 '타멜지구(Thamel District)'의 한 골목길. 술을 마시던 한 남자가 소
리친다. 그 옆에선 동양인 2명은 조금은 초조한 표정이다.

홍콩에서 비행기가 연착되면서 필자와 K는 예상보다 너무 늦은 시간 목적지
에 도착했다. 길거리 검은 얼굴의 젊은이들은 이미 모두 술에 취했다. 갑자기
택시에서 내린 필자와 K를 바라보는 눈동자가 검붉다. 걸어 걸어 리셉션에 불
이 켜진 호텔을 한 곳 찾았으나, 가격이 터무니없이 비싸다. 보다 저렴한 곳을
물어 물어 다시 찾아갔지만 리셉션에는 아무도 없다.

그때다. 옆 가게서 술을 마시던 한 남자가 갑자기 "싼토스!"라고 외쳤다. 몇
분 후 게스트하우스에서 배가 많이 나온 젊은 남자가 내려온다. 잠에 취한 무
신경한 얼굴이다. 술을 마시던 남자는 그의 이름이 싼토스고 모든 것을 해결해

줄 남자라고 말한다.

고마웠지만 돌아온 싼토스의 대답은 뜻밖이다.

방이 없으니 내일 오란다.

앞선 호텔로 돌아가면 돈이 많이 들게 생겼다. 술을 마시던 남자가 상황을 지켜보더니 자기 게스트하우스로 가잔다. 찬물만 나오고 좁단다. 그래도 가격은 매우 싸

카트만두는 매력이 넘치는 신들의 도시다.

다. 싼토스에게 내일 숙소를 옮길 터이니 당장 뜨거운물로 샤워 좀 하겠다고 한다. 싼토스는 그러란다. 여전히 무신경한 얼굴.

싼토스의 게스트하우스에서 샤워를 하고 나오니 싼토스가 기다리고 있다. 새벽에 이런 저런 얘기를 나눈다. 잠이 깬 모양이다. 한국에서 큰형이 일을 하고 있단다. 한국에 돌아가면 지인들에게 게스트하우스 소개 좀 잘 해달라고 한다.

히말라야의 마을 포카라 이동을 위한 버스티켓과 다음날 밤을 위한 방값을 모두 즉석에서 흥정한다. 싼토스는 원하는대로 해주겠단다.

다음날 게스트하우스를 옮긴다. 그런데 싼토스의 표정은 밝지 않다. 알고보니 그가 게스트하우스 주인이 아니었는데 멋대로 가격을 흥정했다가 주인장에게 한 소리를 들은 모양이다. 괜히 미안해진다.

그 다음날 새벽. 히말라야의 도시 포카라(Pokhara) 이동을 위한 버스를 타러

길을 나서는데 싼토스가 보인다. 여전히 표정은 썩 좋지않다. 어색한 인사를 주고받는다. 안쓰럽다.

버스를 탔는데 흥정한대로 가격을 지불한 고급버스가 아니라 일반버스다. 뒷통수를 맞은 느낌과 함께 이런 생각이 든다.

'얌마 잘했다. 싼토스.'

2015.4.24.12:27AM(한국시간기준), 네팔 포카라 RUSTIKA 게스트하우스에서 작성.

카트만두 시내의 사원 앞 광장.

'사표' 쓰고 지구 한 바퀴

Ep. 017

네팔 대지진
산자와 죽은자

수만명의 생명이 순식간에 사라졌다. 네팔 대지진. 대재앙이다. 그 순간 나
도 그곳에 있었다. '기록하는 놈' 기자(記者)라서 현장에서 적었던, 당시 블로그
에 남겼던 글을 3개의 에피소드 순으로 그대로 옮겨둔다. 통신사 뉴스1 등에
당시 상황을 기고하기도 했다.

2015년 4월 25일 오전 11시경(현지시각) 네팔 포카라(Pokhara) 페와 호수
(Phewa Lake) 인근 숙소에서 난생처음 지진을 겪는다. 샤워를 하고 옷을 막 입
었는데 공사판의 소음같은 굉음이 들린다. 이어 방 전체가 슬슬 흔들린다. K의
얼굴은 하얗게 질렸다. 분명 내 얼굴도 그랬을 것이다. 밖에서 사람들의 비명
이 들린다.

짐을 챙길새도 없이 3층 숙소 문을 박차고 둘이서 계단을 뛰어 내려가 하늘

이 보이는 밖으로 나간다. 본능적으로. 계단의 흔들림이 눈으로 보일 정도다. 난생 처음 겪는 종류의 공포감이 엄습한다.

황급히 달려간 숙소 앞 길거리에는 각국의 관광객들과 현지인들이 웅성거리고 있다. 일부 늙수룩한 이들은 이미 나름 여유를 찾은 표정이지만, 아이들은 울고 있다.

몇 분간 이어진 지진이 진정된다. 20여분 후 방으로 돌아 왔는데 5분 후 또 한번의 여진이 방을 덮친다. 돈과 여권 등 귀중품이 든 가방을 재빠르게 챙겨 밖으로 단번에 뛰어 나온다.

다행히도 앞선 그것보다는 강도가 약하다. 인근 잡화점 주인 아주머니는 지진이 가끔 일어나기는 하는데 이번처럼 긴 것은 처음이란다.

숙소 옆방을 쓰는 일행은 말한다. 수도 카트만두의 상황이 "상당히 안좋다"며 몇 시간 동안 건물이 아닌 곳으로 피신해 있으란다. 지진의 진원지 고르카(Gorkha)는 카트만두와 포카라 사이에 있는 동네다.

그들의 말을 따라 안전한 페와 호수 근처로 K와 향한다. 호수는 언제 그런일이 있었냐는 듯 평화롭다. 그리고 금새 포카라는 안정된다. 평상시와 같은 여행자의 오후가 찾아온다. 공교롭게도 이날 생일이었던 필자는 K와 세계일주 후 처음으로 공연을 보며 비싼 저녁을 먹는다.

현지에서 구입한 히말라야 등반 지도.

밤에 숙소로 돌아오며 우연히 본 텔레비전

'사표' 쓰고 지구 한 바퀴

네팔을 덮친 4 · 25 대지진에 놀라 게스
트하우스 밖으로 달려나온 포카라의 여
행객들.

대지진을 피해 페와호수 인근에 나와있
는 포카라 주민들.

에서 지진으로 네팔에서만 1400명 이상이 죽었다는 충격적인 뉴스를 접한다. 인도에서도 51명이 사망했단다.

내가 숨쉬고 있는 현지 사정에 이렇게 어둡다니. 직업을 떠나 인간으로서 한없이 한심했다.

이어 '당연히 외신에도 대대적으로 나갔겠구나'라고 생각한다. 현지 인터넷과 전화가 모두 끊긴 상황이라 가족과 지인들이 나를 걱정할 것을, 나는 걱정한다. 통화를 시도하지만 불가능하다.

자정까지 잠을 이루지 못한다. 1층 리셉션으로 내려간다. 현지인 주인장 가족들이 뉴스를 보고있다.

한국 나이로 35세인 주인장은 태어나서 처음 겪는 일이라고 말한다. 불행 중 다행인가. 많은 사람이 다치고 목숨을 잃은 수도 카트만두에 거주하는 지인들은 별 탈이 없다고 그는 덧붙인다.

나와 K는 엊그제 카트만두에서 포카라로 넘어온 터다. 원래 이날 예정이었던 히말라야 산행도 하루 미뤘다. 주인장은 내일 오전 히말라야 등산객을 구조하기 위한 헬기 5대가 뜰 예정이라고 말한다. 그는 이어 대단한 행운이라며 필자와 K의 등을 툭툭 두드린다.

체구에 비해 왠지 무거운 그의 토닥임을 느끼며 생각한다. 십수년전 올라가 본 히말라야 산맥의 숙소(롯지)들은 모두 나무로 얼기설기 지어져 있었다. 지진과 산사태가 일어난 고산에서 맞았을 암흑, 추위, 굉음. 그리고 무엇보다 끝없는 고독과 싸웠을 상황을 생각하니 오싹했다.

천운이다.

새벽까지 현지 뉴스를 보며 주인장과 얘기를 나눈다. 너무 많은 사람이 죽었다. 너무 많은 목숨이 사라졌다. 안타깝다. 슬프다.

그리고 침묵.

명함을 교환하고 괜히 서로의 이름을 한번씩 불러본다. 우리들의 입에서 나온 소리들이 신기루처럼 벽속으로 스며든다. 나는 그걸 본다.

그는 잘자라, 내일 꼭 다시 만나자며 잠자리로 든다. 가족들을 인솔하는 그의 뒷모습이 히말라야만큼 거대하다. 눈시울이 뜨겁다.

방에 올라왔지만, 나의 잠은 아직 나를 찾지 않는다.

문득 옆 침대에 누운 K가 유서를 남긴다면 어떤말을 적고 싶냐고 묻는다. "생각해본 적은 없지만, '후회없다'가 아닐까"라고 허세를 섞어 나는 답한다.

K는 "더 솔직히"라고 다시 묻는다. 나는 "'기억해줘'가 아닐까?" 하고 자신없게 답한다.

그리고 또다시 이어지는 침묵.

대재앙을 맞은 타국의 현장에서 내가 할 수 있는 일은 아마도 많지 않을 것이다. 그저 매우 운좋게 목숨을 구했을 뿐이고 또 내일을 살아가야할 뿐이다.

대자연 앞에선 인간은 한없이 연약한 나뭇가지에 불과하다. 그리고 자연은 무념(無念), 무심(無心), 무상(無常)하다.

톨스토이의 소설 『인간은 무엇으로 사는가』를 떠올린다. 인간은 혼자서는 살 수 없는 존재다. 톨스토이 다운 명쾌한 답이다. 그렇기에 우리는 서로를 기억한다. 혹은 기억해야만 한다.

그래서 "死者(죽은자)'의 수가 '忘者(잊혀진자)'의 수보다는 적을 것"이라고 자위한다. 이어진 자괴감에 생각이 계속된다. 모쪼록 피해가 더 확대되지 않기를 기도한다. 그리고 무엇보다 고인들의 명복과 조속한 사태 수습을 염원한다.

또 더 많이 듣고, 더 많이 보고, 그리고 무엇보다 더 많이 쓰고 싶다고 감히 생각한다. 숙소 천정에 붙어있던 나방의 사체가 침대 옆 바닥에 떨어져있는 것이 문득 눈에 띈다.

다음날 아침 가족과 지인들에게 연락을 취한다. 대사관에도 연락한다.

나는, 우리는 살아있고 기억되고 있다.

　2015. 4.26. 5:48AM(한국시간기준) 네팔 포카라 ROYAL 게스트하우스 앞뜰에서 작성.

TIP

➡ 책상 아래로

지진 초기 인터넷이 살아있을 때 외교부 홈페이지에서 관련 안내문을 읽었다. 일단 책상 아래로 숨으라고 적혀 있었다. 그러나 그건 어느 정도 건물이 튼튼할 경우 해당이 되는 것으로 보였다. 혹진 국에선 현장 상황을 기민하게 판단해야 한다고 생각한다.

'사표' 쓰고 지구 한 바퀴

무심한 자연, 불가사의한 인간

"히말라야의 일부 봉우리들이 흔들리는 게 눈으로도 보였어요. 너무 무서웠습니다. 산위에서 낙석을 두 차례나 피했죠. 원래는 산을 타고 티베트로 이동하려고 했었지만, 산사태로 길이 막혀 돌아오는 길입니다."

12일간의 산행을 막 마치고 네팔 포카라 게스트하우로 돌아온 동서양 커플 여행객의 말이다. 상기된 얼굴. 필자는 아직 에베레스트(Everest) 위에 수백명이 갇혀있다는 안타까운 소식을 전했다. 그들은 산을 올려다보며 말없이 성호를 그었다.

네팔 대지진 발생 다음날인 4월 26일 낮 포카라에서는 아주 약한 진동이 한 차례 감지됐지만, 다행히 밤새 아무일도 일어나지 않았다. 이날밤 게스트하우스 주인장 가족은 물론 모든 숙박객들도 방이 아닌 공터에서 밤을 지새웠다.

대지진 당시 여진 위협을
피해 집단으로 노숙하는
주민들.

네팔을 덮친 대지진 후 발간된
현지 일간지 1면.

'사표' 쓰고 지구 한 바퀴

자정께 여진이 있을 것이라는 풍문이 돌았기 때문이다.

필자와 K도 침낭과 비상식량, 귀중품을 챙겨 주변에 건물이 없는 페와 호수 앞에서 노숙했다.

길에서 자다 깨다를 반복하고 있을 때다. 새벽 2시경 수십마리의 개들이 집 단으로 짖기 시작했다. 마치 재난영화의 한장면처럼 섬뜩했다. 그러나 다행히 아무일도 일어나지 않았다. 동이 틀 무렵 방으로 돌아와 기절하듯 잠들 었다.

다음날 아침. 조간 영자신문 을 보니 공식집계 된 사망자만 2700명이 넘고 부상자는 수천명 이라고 한다.

참혹한 현장 사진들과 함께 약 은 물론, 병원에 산소가 곧 부족해 질 것이라는 우려섞인 기사, 각국의 도움을 요청하는 기사도 보였다. 지 진발생 하루만에 복구된 인터넷을 통

네팔을 덮친 대지진을 피해 길에서 노숙하는 모습. 침 낭, 작은 배낭과 비상식량을 챙겼다.

해 대한민국도 돈과 인력을 투입한다는 반가운 글도 봤다.

전날 긴장감에 종일토록 제대로 식사를 하지 못해 오랜만에 미역국으로 든든 히 배를 채웠다. 밥을 먹는데 식당 종업원이 말한다. 전날밤 페와 호수 앞 공터 에서 많은 사람들과 함께 노숙했는데 젊은이들끼리 한바탕 싸움이 벌어졌단다.

죽음을 피하기 위해 나온 장소에서 싸움이라니. 자연은 무심하지만, 인간은

불가사의하다.

오전 동네를 거닐었다. 다들 이제는 괜찮다고 말했다. 혹은 괜찮을 것이라고. 그렇게 생각해야 한다고 강조했다.

나이든 현지인들은 "나는 신과 함께 삽니다. 어디서나 안전합니다." 이구동성이었다.

네팔 체류 일정을 대폭 줄여 인도와의 국경마을 소나울리(Sonauli)로 향하는 버스표를 구입했다. 이틀간의 두려움을 함께 견뎌낸 게스트하우스 주인장 내외가 고마워 여행사가 아닌 게스트하우스에서 티켓을 구했다. 그들이 믿을만 했음은 물론, 그들이 챙길 수 있을 약간의 커미션을 감안한 선택이었다. 적지만 일부 돈도 따로 건냈다. 도망치는 신세지만, 피해복구에 도움이 되길 바랐다.

무용지물이 된 히말라야 입산 허가증은 간직하기로 했다. 낯선모습의 여권사진이 붙어있는 얇은 종이다. 나와 K는 살아있다. 그리고 여행은 계속된다.

2015. 4.27. 7:30PM(한국시간 기준). 네팔 포카라 Earlybird 카페에서 작성.

'사표' 쓰고 지구 한 바퀴

Ep. 019

서글픈 비상

　서양인 여럿이 페러글라이더에 몸을 싣고 하늘을 날고 있다. 네팔 대재앙이
불과 며칠 전이다.

　대지진에 무너진 집들이 저들이 날고 있는 산마루에서 불과 몇 미터 안이다.
바라보며 사람이니까 그럴 수도 있다고 생각한다. 인간이라서 그렇다. 그럴 것
이다. 이해된다. 1만명이 넘는 사람이 네팔서 죽었다. 포카라에서도 2명이 죽
고 50명이 다쳤고 수많은 이들이 집을 잃었다.

　구름이 낮게 깔린 하루다. 밤이 되자 난생처음 겪는 엄청난 비가 내린다.

　에피소드 17부터 19까지는 당시 현장에서 적었던 생생한 기록물이다. 네팔
을 떠난 후 너무 많은 사람이 죽었다. 영면한 모든 이들의 명복을 기원한다.

지진 발생 며칠 후 페러글
라이더에 몸을 맡기고 하
늘을 나는 일부 관광객들.

'사표' 쓰고 지구 한 바퀴

부상을 이기고 인도로

비오는 새벽 네팔 포카라에서 길을 나서 인도와의 접경마을 소나울리 (Sonauli)에 도착했다.

황량한 국경을 걸어서 인도로 넘어서면 갑자기 엄청나게 많은 차량과 사람들로 시끄러워 타국임을 실감할 수 있다.

인도 출입국심사 사무소에 당도하기 전 군인들이 필자와 K를 포함한 여행객들의 신원을 꼼꼼하게 파악하고 사진을 촬영했다.

기자로 보이는 사람들도 여럿 나와 필자와 K를 비롯한 여행객의 이름을 일일이 적어갔다. 일부는 사진을 촬영했다. 한 켠에서는 인도인들이 무료로 음료수와 간단한 간식거리를 제공하고 있었다.

"네팔과 인도는 친구입니다. 대지진 이후 이렇게 매일 나와 돕고 있습니다."

그들은 이렇게 말했다.

사실 국경지역 소나울리는 범죄자 등이 많아 여행객들에게 위험한 도시로 알려져있어 약간 긴장을 하고 있던 터였다. 그러나 모두 친절하고 이웃나라의 대재앙을 걱정하는 모습이었다. 범죄자들도 자연의 대재앙 앞에서 자숙하는 보양인가 생각했다.

출입국 수속을 모두 마치니 오후 2시가 됐다. 간단히 점심을 먹고 12시간이 걸리는 로컬버스를 타고 바라나시까지 바로 이동하기로 결정했다. 인도의 로컬버스는 악명이 높다. 시설이 너무 낙후해 보통은 기차를 이용한다. 그러나 필자와 K에게 지진은 훨씬 더 무서운 것이었다. 그래서 최대한 빨리 벗어나는 방법을 택했다.

이동 내내 현지인들이 타고 내리고를 반복해 깊은 잠에 빠지기는 어려웠다. 옆자리 히피들은 아랑곳하지 않고 키스를 나눴다.

우리가 '역사보다 오래 됐다는' 별명의 도시 바라나시에 내린 건 새벽 4시경이었다.

인도와 네팔 국경마을 소나울리의 모습. 여행자들의 신원을 일일이 확인하고 있다.

'사표' 쓰고 지구 한 바퀴

바라나시 겐지스강의
노젓는 뱃사공.

여행 국가 및 도시
(여행 61일~120일, 2015. 4. 30~2015. 7. 2)

인도 바라나시, 카주라호, 아그라, 뉴델리, 쉼
라, 다람살라, 맥그로드간즈
아랍에미리트 두바이
터키 이스탄불, 괴레메(카파도키아)
이집트 샴엘셰이크, 다합, 카이로, 룩소르, 아
스완
수단 와디할파, 카르툼, 갈라밧
에티오피아 메템바, 곤다르

겐지스강변.

Ep. 021

화장 火葬

네팔에서 도망치듯 달려 인도 바라나시(Varanasi) 버스 터미널에 도착한 시간은 새벽 4시 경이었다.

인상좋은 분이 운전하는 사이클릭샤(자전거를 개조한 일종의 인력거)를 잡아타고 미리 봐둔 숙소까지 이동했다.

어둑한 거리를 지나는데 동네 아이들이 볏짚을 뿌리며 놀렸다. 화가 난 기사 분은 욕을 멈추지 않았고 아이들은 어둠속으로 웃으며 사라졌다.

'인도의 밤을 지배하는' 개들이 현지인을 위협하는 모습도 보였다. 위협을 당하던 이가 전봇대 뒤로 숨어 돌을 집어들자 개들도 컹컹거리며 어둠속으로 사라졌다.

숙소가 위치한 버닝가트(Burning Ghat, 겐지스강 인근 화장터)에 당도하자 시신을 운구하는 행렬이 우리 앞을 지나쳤다. 죽은 자는 말이 없었다. 발만 빼꼼 보였다. 방을 정하고 깊은 잠에 빠졌다. 우리는 기진맥진했다.

다음날 아침 화장터를 둘러봤다. 얼기설기 쌓은 장작위로 시신이 놓여있었다. 불을 붙이자 연기가 치솟았다.

다수의 현지인들이 며칠전 중국인 관광객이 화장터 사진을 찍었다가 유족들이 분노하고 경찰까지 출동하는 일이 있었다고 말했다. 주의하라고 신신당부했다.

여기선 죽음도 일상인데 지나치는 객이 예를 망쳐서는 안될 일이다.

시신이 계속 들어오고 검은 연기가 주변을 메웠다. 연기는 끝없이 하늘로 솟아올랐다. 필자와 K는 아무말도 나누지 않고 그저 바라보았다.

2015. 5.2. 11:46AM(한국시간 기준). 인도 바라나시 SANKATHA 게스트하우스에서 작성.

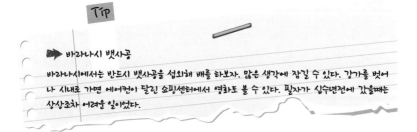

Tip

➡ 바라나시 뱃사공
바라나시에서는 반드시 뱃사공을 섭외해 배를 타보자. 많은 생각에 잠길 수 있다. 강가를 벗어나 시내로 가면 에어컨이 달린 쇼핑센터에서 영화도 볼 수 있다. 필자가 십수년전에 갔을때는 상상조차 어려운 일이었다.

역사보다 오래된 죽음의 도시

"남 남 사띠아 헤(God makes a true rule, 신이 규칙을 만든다.)"

인도 바라나시(varanasi) 화장터 주변. 하루종일 인부들이 이말을 힘차게 외치며 시체를 나른다. 화장이 끝나면 재를 강물에 띄우고 자식은 삭발한다.

어린 아이와 임산부, 수행자 및 뱀에 물려죽은 자는 화장하지 않고 강물에 시체를 그대로 보낸다.

갠지스강(Ganges River, 현지어로는 강가라고 부른다)에 죽은이를 보내는 것은 사람으로 다시 태어나지 않게 해달라는 의미가 담겼다고 한다.

생은 즉 고통이다. 이들은 다른 세상을 기대하며 오늘을 견뎌나간다. 그렇기에 강가의 죽음은 슬픔이 아니다. 실제 혹여 눈물을 보일 수 있는 여성은 화장터 출입이 금지돼 있다.

강가는 하늘 가까운 곳(히말라야)으로부터 흘러왔기 때문에 다른 물과 차별된

바라나시를 걷는 한 수
행자.

바라나시 화장터.

바라나시, 춤추는 여인들.

다. 힌두교의 시바신과 강가신이 동시에 관여하는 유일한 강이기도 하다. 가이드의 설명이다.

그래서 바라나시는 힌두교인에겐 성스럽고 여행자에겐 스스로의 삶에 대해 자문하는 기회를 준다.

우리는 바라나시에 며칠간 머무르며 몸과 마음을 추스렸다.

어느날 끝없는 운구 행렬이 이어지는데, 불과 강가에서 몇 백 미터 뒤 시장터에선 여인들의 춤판이 한창이었다. 인도인은 열정적이고 음악과 춤을 사랑한다. 빠짐없이 군무장면이 등장하는 이른바 '볼리우드' 영화가 그 증거일 것이다.

며칠간 많은 사람이 잠겼을 강가 위로 해가 뜨고 지는 걸 바라보며 이 오래된 도시에 언제까지나 머무르고 싶다고 잠시 생각했다.

부처가 첫 설법을 했다는 사르나트(Sarnath) 유적을 살핀 후 밤샘 기차를 타고 에로틱한 조각들로 유명한 카주라호(Khajuraho)로 향했다.

서부사원군은 섬세하고 입체적이라 감상이 지루하지 않았다. 사원 관리인이 무료 가이드를 자처하더니 열정적으로 설명을 시작했다. 모든 사원에 세겨진 조각에는 하나 하나 의미가 있는데 마치 계단처럼 인간의 근본부터 신까지 연결돼 있다고 했다.

맨 아랫줄은 인간이 타고난 것(Karma, 카르마, 업)을 뜻한다. 바로 윗줄은 돈을 버는 등 살아가는 과정(아르타)이다. 1000년전 사원을 건설하며 힘들어하는 노동자와 그를 위로하는 춤꾼의 행렬도 보인다. 그리고 성행위(카마). 이는 육체가 만족을 찾아가는 과정이자 인간이 완전함을 갈구하는 몸짓이다. 세대를 잇는다는 의미도 있다고 했다.

마지막은 사원안에 모셔진 힌두교의 여러 신이다. 힌두교의 신은 그 종류만 4억이 넘는다. 가늠조차 어려운 범위다.

사원을 나서는데 네팔서 인도까지 밤샘 버스로 이동하는 중 이름도 모를 인도의 시골마을에서 스쳐갔던 새벽 춤판의 풍경이 떠올랐다.

바라나시와 아그라 사이에 있는 카주라호의 에로틱한 조각상.

엄청난 굉음과 흥분한 남자와 여자. 그들은 한결같이 춤추며 욕망하고 있었다. 바라나시부터 카주라호까지서 인도인의 속살을 엿본 듯했다.

2015. 5.8. 02:41AM(한국시간 기준). 인도 카주라호 YOGI LODGE 게스트하우스에서 작성

Tip

➤➤ 인도의 모든 것

많은 배낭여행자들이 손꼽는 바라나시는 인도의 모든 것이라고 불린다. 더러운 골목, 강가, 화장터 이 모든것들이 어우러져 정말 잊지못할 감흥을 선사하는 도시다. 필자도 세계일주 중 가장 강렬한 인상을 받은 곳이기도 하다. 첫번째 방문이 아니었음에도 불구하고 말이다.

꽃같은 무덤, 타즈 마할

"이건 꽃이네요 꽃." 인도 아그라(Agra)에 있는 거대한 무덤 '타즈 마할(Taj Mahal)' 앞 정원. 더위를 식히던 K가 문득 중얼거렸다. 거대하지만 단정하고 여성스러운 건축물을 보면서 적절한 표현이라고 생각했다.

타즈 마할은 16~19세기 인도를 지배했던 이슬람 무굴제국의 5대 황제 샤자한이 부인 뭄타즈 마할을 위해 지은 유례없는 무덤이다.

압도적인 저 진시황릉이 통치자만을 위한 것이었다면, 타즈 마할은 보다 낭만적인 이야기를 담고 있다.

황제는 출산 도중 사망한 부인을 위해 1632년부터 22년동안 인부 20만명, 코끼리 1000마리를 동원했다고 한다. 이처럼 많은 이가 고생했지만 당대 최고 유럽과 중동 장인들이 합작한 결과물은 인도를 상징하는 건축물이 됐다. 인도는 대륙이고 국가 전체가 거대한 유적지임에도 불구하고 타즈 마할의 유명세는 독보적이다.

낮 최고기온 40도 훌쩍 넘는 무더위 비수기 임에도 인파가 넘쳤다. 흰색 대리석으로 타즈 마할에는 화려한 장식은 없다. 다만 정갈한 꽃무늬가 곳곳에 세겨져 있다.

땀에 젖은 필자. 아그라 타즈 마할 내부.

가묘가 누워있는 내벽도 희멀건한 외벽도 그렇다. 500여년 수많은 사람들이 파해쳐간 보석들과 돌을 긁은 낙서들이 애처롭다.

타즈 마할을 만든 후 황제는 아들에게 배신당해 붉은 아그라 성에 유배당하고 8년 후 숨을 거뒀다. 강 건너 부인의 무덤이 손에 잡힐 듯 가깝게 보이는 곳에서다. 현재 황제와 부인의 묘는 공개되지 않는 타즈 마할 본당 지하에 있다.

2015. 5.12. 11:52(한국시간 기준). 인도 아그라 SAI PALACE HOTEL에서 작성.

타즈 마할의 장식. 보석이 붙어 있었다고 전해진다.

나이는 숫자에 불과해

"혹시 그 할아버지를 다시 만나지 않을까?"

"어쩌면."

인도 아그라(Agra)에서 수도 뉴델리(New Delhi)로 이동하는 버스안에서 K와 이런 얘기를 나눴다. 며칠전 아그라 게스트하우스 옥상 식당에서 만났던 일본인 할아버지가 궁금해서다. 인상이 좋은 분으로 우리와 이동경로가 비슷했다.

5시간 후 도착한 뉴델리의 여행자거리 빠하르간즈(PaharGanj). 숙소를 잡고 식사를 하러 나선 길에서 거짓말처럼 그 할아버지를 다시 만났다.

할아버지도 반가우셨던지 저녁을 같이 먹자고 하셨다. 깨끗한 곳으로 함께 갔으나, 그는 맥주를 파는 식당을 원했다. 장소를 옮겨 1980년대 대한민국 풍경을 느끼게 하는 작은 호텔바에서 식사했다.

일본 요코하마에서 온 그는 라오스, 스리랑카, 캄보디아, 베트남 등 우리와

뉴델리의 대표적인 여행자거리 빠하르간즈의 모습. 인도의 대표적 운송수단 오토릭샤. 흥정이 필수다.
항상 붐빈다.

비슷한 경로를 거쳐 인도를 누비고 있다고 말했다. 벌써 인도에서만 근 1개월을 있었단다.

이런 저런 여행 얘기에 모두 신이났다. 간빠이와 건배가 동시에 오간다. 그는 진로와 신라면을 안단다. 필자도 사케와 돈코츠라멘을 안다고 했다. 우리가 크게 웃으니 옆 자리의 현지인들도 같이 웃었다.

네팔을 덮친 또 한번의 비극, 역사적인 문제에 기인한 일본인의 까다로운 중국 여행, 한일 관계 등 시간이 갈수록 많은 주제가 언급됐다.

분위기가 다소 딱딱해지자 본인의 구형 휴대전화를 주변에서 '갈라파고스'라고 놀린다며 웃었다.

올해 66세인 그는 백발이 성성하고 한쪽 다리도 불편해 목발에 의지한다. 영어도 유창하지 않았다. 그럼에도 불구하고 우리보다 더 많은 곳을 다니고 있었다.

필자와 K가 마흔을 앞두고 1년 시간을 내 이곳 저곳 둘러보고 있다고 말했더니, 잘했고 부럽단다. 시간이 지나면 점점 더 어려워진다는 말과 함께.

인도서 인연을 맺은 일본 노인. 걸음이 불편하지만 혼자서 잘 다니신다.

우리는 그가 보기 좋다고 답했다.

명함을 교환했다. 그는 일본에서는 본인의 캠핑카를 몰고 안 가본 곳이 없다고 말했다. 일본에 오년 산에 올라 땅을 조금만 파면 물이 고이는 비밀의 천연 온천으로 안내하겠단다.

식사 후. 먹은 건 우리가 많은데 본인은 나이가 많으니 좀 더 내겠다고 하신다. 배낭여행자의 상식대로 극구 사양했지만 막무가내다. 곧 집으로 돌아간다며 작은 카메라 삼각대도 선물했다.

각자의 숙소로 향하는 저녁. 목발에 의지한 그의 등이 석양에 물들었다.

"또 볼수 있을까?"

"아마도."

우리는 이렇게 말했다. 빠하르간즈에 밤이 온다.

2015. 5.13. 9:2oAM(한국시간 기준). 인도 델리 NAMASKAR HOTEL에서 작성.

TIP

➡️ 발 조심
뉴델리는 차량과 동물과 사람과 자전거와 오토바이가 뒤섞인 풍경의, 거대하고 번잡하고 지저분한 도시다. 항상 주위를 살피고 음식 등 위생에 각별히 신경써야 한다. 특히 발을 조심해야 한다. 슬리퍼 차림은 까딱 실수하면 상처가 나기 쉽다.

'사표' 쓰고 지구 한 바퀴

분신焚身, 티베트와 중국
그리고 달라이 라마

　　인도 수도 뉴델리(New Delhi)의 이슬람 유적군을 모두 둘러본 후 북쪽으로 진로를 정했다. 티베트의 망명 정부가 위치한 맥그로드간즈(McLeodGanj) 방문이 주목적이었다. 인도는 '배낭여행의 종착지'로 알려져 있다. 물가가 저렴하고 유적 등 볼거리가 많아서다. 서부의 사막, 중남부의 바다, 북부의 히말라야 자락 등 다양한 지형과 기후, 고도도 공존한다. 사실 제대로 다닌다면 인도에만 1년을 있어도 모자랄 것이다.

　　그 무엇보다도 인도에는 세상 어디서도 볼 수 없는 원시적 삶의 모습이 남아 있다. 그래서 충격적이고 재미있다. 과거 20대 시절 군 제대 후 뉴델리의 여행자거리 빠하르간즈에 처음 도착했을 때 소와 개와 원숭이와 사람과 오물이 뒤섞인 풍경이 줬던 강렬한 향취가 필자를 인도로 다시 인도했으니.

　　한편으로는 비위생과 질병, 사기와 절도, 강간과 성추행 등 리스크도 적지 않

북인도의 부촌 쉼라에 있는 간디 동상.

다. 필자도 며칠전 하누만사원 원숭이 신상 앞에서 원숭이에게 얼굴을 한 대 맞았다. 천만 다행히도 긁히지는 않았지만, 여행객 주제에 먹이를 주지 않았기 때문일까. 인도에선 원숭이도 '너 자신을 알라'는 소크라테스의 가르침을 실천한다. 다행히 긁히지는 않아 광견병 의혹 등 큰 이상은 없었다.

세상 어디에나 빈부격차는 있겠지만, 엄격한 신분제인 카스트가 사실상 여전한 인도는 그 정도가 더하다. 명물 토이트레인(Toy Train)을 타고 도착한 인도의 '작은 영국' 쉼라(Shimla)는 북인도 최대의 부촌이자 천혜의 관광지다. 제국주의 영국은 인도를 꿀꺽 삼켰으나, 더위는 소화하지 못해 여름철 임시 정부로 해발고도 2000m의 쾌적한 쉼라를 활용했다. 북인도에선 드물게 교회와 성당이 모여있다. 물가가 비싸서인지 배낭여행객은 찾아보기 어려웠다.

쉼라에 있는 인도의 국부 마하트마 간디(Mahatma Gandhi, 1869~1948) 동상 앞. 다른 동상들과 달리 영문 명판이 없다. 누구나 그를 알기 때문일까. 그의 동상에는 'FATHER OF THE NATION(국가의 아버지)'이라고만 써있다. 잔소름이 돋는다.

간디는 인도 독립의 상징이다. 비폭력 저항의 대명사이기도 하다. 2차 세계대전 직후 활동했던 대한민국 대부분의 인사들과는 달리 이론의 여지가 없다.

'사표' 쓰고 지구 한 바퀴

한국의 국부는 누굴까. 딱히 떠오르
지 않아 서글펐다. 간디는 포용했다.
마른몸으로 모두를 끌어 안았다. 인
도인은 이념과 종교를 뛰어넘어 그
를 존경하고 사랑한다. 이슬람-힌
두 종교갈등으로 파키스탄이 분리
된 인도인만큼 불가능에 가까운
일이다.

맥그로드간즈의 한 식당에 붙은 달라이라마 포
스터.

쉼라에서 모처럼 며칠을 쉬고 밤샘 버스를 타고 새벽 5시 다람살라
(Dharamshala)에 도착했다. 눈을 비비며 버스에서 내리니 산비탈에 우거진 나무
들이 안개에 쌓여있었다. 한국의 나무보다 가지가 길고 가늘고 굽어있어 낯선
꿈결같았다. 다람살라는 티베트의 지도자 달라이 라마(Dalai Lama, 1935~)가 기
거하는 맥그로드간즈의 바로 아랫마을이다.

첫 시내버스를 잡아타고 10여분을 올라 맥그로드간즈 공터에 내린다. 터미
널 건물도 없는 작은 시골마을 풍경이다. 짜이(인도의 밀크티)와 티베트 전통빵을
파는 현지인들은 우리와 같은 얼굴을 가졌다. 몽골리안이다. 이른 아침부터 부
지런하다.

숙소를 몇군데 둘러보니 한결같이 전망이 좋고 가격도 나쁘지 않다. 산중턱
탁트인 곳으로 거처를 정하고 며칠간 머물기로 K와 합의한다. 고요한 아침이
지만 삶의 온도가 느껴진다.

짐을 풀고 간단히 잠을 청한 후 동네를 둘러본다. 문득 한 인도인 가족이 힌

지극히 평화로운 맥그로드간즈의 하루.

디어로 길을 묻는다. 힌디어를 못한다니 현지인인줄 알았다며 웃는다.

　맥그로드간즈는 여행자를 비롯해 장기체류하는 객이 많은 곳이다. 여행자와 현지인의 구분이 쉽지 않다. 설산이 빼꼼 보이는 아름다운 마을에 티베트 독립운동과 관련된 박물관과 NGO, 철학과 음악 등 각종 교육시설, 아기자기한 카페와 식당, 볼만한 영화를 골라 상영하는 소극장 등이 밀집됐다.

　오가는 사람 중 붉은 옷의 티베트 승려도 많다. 눈이 마주치면 모두 "타시딜레?(안녕하세요? 라는 의미의 현지어)" 하며 웃는다.

　노천카페로 나와 이달 28일 이후 유럽, 아프리카 일정을 정리하는데 바로 옆 승려 숙소에서 10여명이 나와 손바닥을 마주치며 저녁 운동을 시작하고 있었다. 같은 테이블 의자를 차지하고 곤히 자던 강아지가 눈을 비볐다.

　다음날. 건장한 승려의 일그러진 검은 얼굴을 봤다. 그의 등에선 불꽃이 타오르고 있었다. 맥그로드간즈 소재 티베트박물관 입구에서다. 분신(燒身)하는 승려의 상과 그간 분신한 수많은 티베트인의 명판이 보였다. 6세의 나이로 중국 공산당에 납치돼 수감중인 역사상 최연소 정치범의 그림도 있었다.

　안으로 들어서니 조국을 빼앗은 중국에 대한 티베트의 저항 기록이 가득했다. 파괴된 자연, 정치범이 입었던 옷과 고문 기구, 유서 등. 지난 2009년 이후 100명이 넘는 티베트인은 몸에 기름을 끼얹고 불을 질렀다. 승려도 있고 일반

'사표' 쓰고 지구 한 바퀴

인도 있다. 박물관 방문 바로 전달에도 한명이 분신했다.

살아있는 내게 그 고통은 상상조차 어려웠다. 그들은 조국의 부당한 침탈을 알리기 위해 스스로 살아있음을 버렸다. 불교에선 이를 '소신공양'이라 칭한다. 고 김동리의 소설 등신불의 소재이기도 하다. 자살도 살인이기 때문에 종교적 악습에 불과하다는 비난도 있다. 승려가 아닌 일반인의 경우 광신의 결과로 지적되기도 한다.

중국에선 티베트불교를 불교가 아닌 '라마교'라고 비꼰다. 지도자 달라이 라마를 겨냥한 것이다. 달라이 라마는 환생을 거듭한다. 환생자가 정해져있고 긴 세월 주욱 이어져 오늘까지 왔다. 믿기지 않는 일이다. 그렇지만 많은 이들은

티베트박물관 앞에 있는
분신하는 승려의 상.

티베트박물관 내 조국 독립을
위해 분신한 이들의 사진.

예수의 부활을 믿는다. 그리고 인간에겐 신앙의 자유가 있다.

우리나라에서도 분신자살과 소신공양은 가끔 화제에 오른다. 멀게는 노동자 전태일, 가깝게는 이명박 정부의 정책에 반대한 문수 스님이 있다. 본인의 목숨은 그 무엇과도 바꿀 수 없는 소중한 것이다. 누구나 죽지만, 그 누구도 죽어본 적은 없다. 나를 대신할 것은 그 어디에도 없다. 그럼에도 불구하고 그들은 스스로 생의 끈을 놓았다.

삶과 죽음은 과연 하나일까. 나는 알 수 없고 그저 바라본다.

7세 아들을 둔 어머니는 유서에 '티베트인으로 사는게 힘들다. 자유가 전혀 없다'고 적었다.

종교적 악습이든 광신이든 저이가 죽기 직전 처한 고뇌의 순간에 그딴 것들이 무슨 의미가 있었을까. 그순간 그의 심장은 무엇을 보았을까. 상상해봤지만, 머릿속은 희뿌옇기만 했다.

다만 인간에게 살인이 최대 금기라면, 자유를 억압하는 모든 작태는 살인과 다름없다고 확신했다. 티베트와 티베트인들은 이를 증명하고 있다. 대한민국의 슬픈 근대사 속 명멸했던 수많은 지사들도 이미 증명했다. 기억이 떠올랐다. 학창시절 서울시청 인근. 자주색 승복을 입은 티베트 승려들이 독립을 위한 서명운동을 벌이고 있었다. 이후 노벨평화상을 받은 우리 대통령은 같은 상을 받은 달라이 라마의 비자신청을 거부했다. 현재 달라이 라마가 자유롭게 다닐 수 있는 나라는 미국, 일본, 대만과 일부 유럽 뿐이다.

2015. 5.23. 6:30PM(한국시간 기준). 인도 멕그로드간즈 GREEN HOTEL에서 작성.

'사표' 쓰고 지구 한 바퀴

숨겨진 인도의 보석
트리운드 산행길

　북인도 맥그로드간즈(McLeod Ganj)의 인심과 풍광에 흠뻑 빠졌다. '인도의 스위스' 마날리와 라다크 일정마저 접고 일주일을 머물렀다. 결과적으로 맥그로드간즈는 세계일주 중 아시아에서 가장 오래 머문 도시가 됐다. 도착 전부터 백미로 꼽았던 인근 트리운드(Triund) 산길 트레킹에 나섰다.

　숙소에서 아침을 챙기고 옆마을 다람콧까지 슬슬 30분을 걸었다. 다람콧부터 빼꼼히 보이는 설산을 바라보며 오르막을 즐겼다. 군데 군데 야생 원숭이들은 조심해야 한다. 긁히는 순간 귀국행이다. 광견병 위협이 있어서다.

　다람콧부터 4시간쯤 걷다가 마주친 가파른 길을 20여분 오르자 갑자기 넓은 초원이 펼쳐졌다. 몇발을 더 디디니 설산이 위용을 드러냈다. 초원과 설산이 어우러진 전망이 정녕 일품이었다. 트리운드는 해발고도 2827m의 아름다운 산이다.

산장에서 짜이(인도식 밀크티)를 한잔 마시고 초원에 몸을 눕혔다. 저 하늘이 모두 내 것같았다. 그 순간만은 후회도 두려움도 없었다.

풀을 뜯는 말들을 바라보며 바람을 맞았다. 두시간이 금방 갔다.

아쉬움을 남기고 K와 끝말잇기를 하며 내려왔다. 멀리 숙소가 보이자 해기 저물었다. 발목이 시큰했다.

인도에서의 마지막 여정은 예상외로 싱겁고 평화로웠다. 숙소에서 인터넷을 통해 다음 행선지인 터키 이스탄불의 첫숙소를 미리 알아봤다. 이 또한 정처없는 여정의 즐거움이다.

2015. 5.26. 4:30PM(한국시간 기준). 인도 델리 티베탄 콜로니 K.S HOUSE에서 작성.

아름다운 북인도 트리운드 산.

'사표' 쓰고 지구 한 바퀴

아랍에미레트의 대표도시 두바이에 있는 세계 최고층 건물 부르즈칼리파.

빛나는 모조도시의 공허함

바쁜 하루를 보냈다. 아시아 인도 뉴델리(New Delhi)에서 출발해 중동 아랍에미리트(UAE)의 대표도시 두바이(Dubai)를 둘러보고 유럽 터키 이스탄불(Istanbul)에 도착했다.

뉴델리에서 28일 새벽 4시에 출발한 항공기가 두바이 공항에 도착한 시간은 오전 6시 30분. 실제 비행시간은 더 길었지만, 시차로 시간을 벌었다.

도보와 지하철로 반나절 두바이를 둘러봤다. 잘 만들어진 관광도시다.

세계 최고층 건물 부르즈칼리파(Burj Khalifa, 약 830미터) 옆 인공 공원의 깨끗함을 보면서 돈의 힘을 실감키도 했다.

밥만 먹었는데 인도에서의 이틀치 생활비를 썼다. 배고픔과 고물가가 겹쳐진 결과다. 그런데 이상하다. 배가 부른데 공허했다. 공허한 모조도시가 필자의 입맛에는 맞지 않았나보다.

동서 경계의 매력, 터키 이스탄불

두바이 공항으로 돌아와 오후 4시 비행기에 탑승해 오후 8시 30분 터키 이스탄불 사비아괵첸공항(Sabiha Gökçen International Airport)에 도착했다. 역시 시차로 시간을 벌었다.

공항버스를 타고 예약한 숙소가 있는 시내 탁심광장(Taksim Square)으로 이동하는 중 아시아와 유럽을 잇는 다리를 건넜다. 동양과 서양의 경계에 위치한 이스탄불이기에 가능한 일이었을 것이다. 밤인데도 불이 밝았다.

10시 40분 탁심광장에 내려 현지인들에게 물어 물어 숙소를 찾았다. 늦은 시간 다소 후미진 곳이라 걱정됐지만, 모두 친절했다.

11시 짐을 풀었다. 숙소는 공동 부엌과 공동 화장실을 쓰는 아파트다. 좁다란 공간이 유럽에 왔음을 실감케 한다.

자야하는데 배가 고팠다. 집앞에 잠시 나가 첫 케밥(Kebab)을 먹었다. 한화

터키 이스탄불 탁심광장의 길거리 연주자들.

2000원 정도로 저렴한데 속은 알찼다.

긴 비행 노곤함에 단잠을 잔 까닭일까. 다음날 이른아침 눈을 떴다. K와 숙소를 나서 젊은이들이 모이는 이스티클랄 거리(Istiklal Cad)를 정처없이 걸었다.

악기점과 음반가게가 먼저 눈에 띄었다. 버릇처럼 진열된 엘피 레코드의 가격부터 살폈다. 장기여행 짐 걱정에 구입이 무리라는 것을 알면서도.

머리가 희끗한 분들의 브라스 재즈가 곳곳에서 들려왔다. 행복했던 쿠바 아

유람선에서 바라본 터키 이스탄불.

탁심광장 인근의 음반가게.

바나의 풍경이 절로 떠올랐다. 아바나는 '음악이 강물처럼 흐르던 도시'다.

신시가지와 구시가지를 잇는 갈라타대교를 건넜다. 유람선을 타고 아시아와 유럽을 잇는 해협도 바라봤다.

터키는 독특하다. 상차림만 봐도 밥과 빵이 함께 나온다. 얼굴색도 검고 희다. 이슬람 국가지만 법으로 신앙의 자유가 보장된다. 경계의 매력이 넘친다.

유람선에서 파란 바다와 푸른 하늘, 그 사이의 땅을 카메라에 담아봤다. 하늘이 푸르렀다.

2015. 5.30. 4:42AM(한국시간 기준). 터키 이스탄불 TAKSIM ISTANBUL APART에서 작성.

Tip

➡️ 고등어 케밥
이스탄불에서는 한국인 입맛에 잘 맞는 고등어케밥을 반드시 맛보도록 하자. 정말 맛있다.

'사표' 쓰고 지구 한 바퀴

젊음, 뜨거웠다

대로 저편에서 함성이 들린다. 수십개의 깃발도 보인다. 수백명이 달려오고 있다. 어느새 코앞이다. 어떤이는 텀블링을 한다. 다른이는 엄지와 검지를 입에 물고 바람소리를 낸다. 누군가는 폭죽을 터뜨린다. 관광객들은 의아해하지만, 현지인들의 표정은 흐뭇하다.

대로변 젊은이들은 민속춤에 여념없다. 화려하진 않지만 절도있다. 땀방울도 춤을 춘다. 춤판 뒤에서 들리는 전통악기 선율은 힘차면서도 구슬프다. 어딘가 익숙해 심장이 뛴다.

그 옆엔 붉은색 춤그림이 걸려있다. 터키의 대표작가 오르한 파묵(Orhan Pamuk, 1952~)의 소설『내 이름은 빨강』도 보인다.

해질무렵 터키 이스탄불(Istanbul) 번화가의 풍경이었다. 5월 30일 터키의 축구 리그 챔피언이 결정됐다. 많은 이들이 흥분했다. 터키인은 축구를 사랑한

발디딜 틈없는 터키 이스탄불의 번화가 풍경.

다. 춤도 사랑한다.

다음날 밤 9시 탁심광장(Taksim Square). 이날은 총을 든 경찰과 군인이 곳곳에 깔렸다. 정확히 1년 전 대규모 시위와 파업이 있었던 날이란다.

이 때문에 터키 여행의 두 번째 도시 카파도키아(Cappadocia) 이동을 위한 터미널까지의 무료 셔틀버스가 운행을 중단해 진땀을 흘렸다. 물어 물어 버스회사 사무소로 이동했다.

같은 처지의 놓인 사람들이 현지어로 직원들과 대화를 나누고 있었다. 분명 초면일 20대 남자끼리인데도 서로를 바라보는 눈빛은 진지했다.

예정보다 늦은 시간 터미널에 도착하니 다행히 밤샘 대형버스는 아직 출발하지 않고 있었다. 다른 좌석은 이미 꽉찼다. 버스에서 나눠준 간식을 먹으니 절로 눈이 감겼다.

다음날 이른 아침 카파도키아에 도착했다. 기암이 하늘을 찌른다. 하늘은 그저 너르다. 강아지 한마리가 필자와 K를 반겼다.

과거 기독교인들은 이슬람 교인의 박해를 피해 이곳의 기암을 파고 집을 지었다. 현재 카파도키아는 터키를 대표하는 관광지다.

전망좋은 숙소를 잡고 타는 해를 바라봤다. 뜨거웠다. 모두 젊은 것이었다.

2015. 6.1. 10:15PM(한국시간 기준). 터키 카파도키아 UFUK PENSION에서 작성.

'사표' 쓰고 지구 한 바퀴

숨은 교인들
카파도키아의 종교

기암괴석 사이 깊은 굴. 허리를 숙여 작은 입구로 들어서니 예수의 생애를 담은 화려한 프레스코 벽화가 가득하다. 인근 다른 굴 바닥에는 해골이 흩어져 있다. 두어 시간을 더 걸으니 무덤이 보인다.

터키 카파도키아(Cappadocia)에서 박해받던 기독교인들의 생존 흔적을 둘러 본다. 그들은 굴을 파고 그 안에서 살았다. 빛이 들어오는 곳이라곤 입구와 별도의 뚫린 구멍 하나뿐이다. 전기조명이 없었을 당시를 상상해본다.

저 구멍같은 믿음. 그들의 일생은 충분히 밝았을까.

계곡을 따라 걷는다. 며칠전 이스탄불에서 들렀던 술탄아흐메트 자미(이슬람 사원)가 떠오른다. 코란과 메카를 비롯한 많은 이슬람교 정보를 접했다.

신자들의 눈빛은 한결같이 형형했다.

이어 회상한다. 4월 말 '신들의 나라' 네팔에선 1만명 이상이 지진으로 순식

터키 카파도키아의 석양.

기암괴석이 가득한 터키 카파도키아.

이슬람 사원의 기도모습.

기암괴석 안 동굴속 프레스코벽화.

동굴속 사원의 유골.

'사표' 쓰고 지구 한 바퀴

간에 목숨을 잃었다. 같은달 한 티베트인은 조국의 독립을 위해 몸에 불을 지르고 숨을 거뒀다.

5월 인도에선 무더위로 수천명이 목숨을 잃었다. 그곳에선 지금도 인간이 아닌 존재로 다시 태어나길 기원하는 많은 이들이 겐지스강에 재를 뿌리고 있을 것이다. 이런 생각을 하며 사막같은 황량함을 계속 걸었다. 비가 내려 우산을 썼다. 해가 지려했다.

숙소로 돌아와 인터넷을 통해 대한민국 뉴스를 봤다. 한 영화감독이 지하철로 투신했다. 그의 생각을 나는 알 수 없었다. 다만 좋아하는 그의 작품을 떠올렸다. 안타까웠다.

한국은 메르스로 난리였다. 목숨은 중한데 약도 정보도 없단다. 정부는 느려 보였다.

'정말 열심히 살 필요 없구나….' 한 포털 댓글이 체념했다.

중동 인접국가인 터키 현지인들은 메르스란 명칭조차 모르고 있었다. 이미 자국민 한명이 메르스로 죽었음에도 불구하고.

인간이란 존재는 무엇일까. 우리는 왜 살아가는 것일까. 상념은 끊이지 않았다.

늦은 끼니를 간단히 챙겼다. 비를 피하는 고양이를 봤다.

2015. 6.3. 2:04AM(한국시간 기준). 터키 카파도피아 UFUK PENSION에서 작성.

옹기장이, 싱그러운 너의 목소리

해가 쨍쨍하다가도 오후 서너시만 되면 비가 내린다. 터키 카파도키아의 명물 새벽 풍선을 탄 후 종일 걸었다.

오후 젤베에서 우르큽까지 이어진 아기자기한 길에서 비를 만났다. 가끔 맞는 비는 여행에 실감을 더한다.

K와 작은 버스정류장에서 비를 피하며 옛노래를 흥얼거렸다. 빗줄기는 한국의 그것보다 굵고 힘찼다. 우리의 소리가 비에 묻혔다. 즐거웠다.

인적은 없고 승용차가 가끔 지나갔다. 어떤이는 태워주겠다며 차를 세웠다.

"감사합니다. 그러나 괜찮습니다."

십여분이 지났을까. 할아버지 한분이 우산도 없이 건너편 도자기 가게에서 찻잔을 두개 들고 걸어오신다. 거구에 푸근한 인상이다. 차를 건네며 부담없이 마시란다.

마음씨 좋은 터키 카파도키아 독짓는 늙은이.

카파도키아의 명물 열기구.

"고맙습니다. 잘먹겠습니다."

향긋한 차한잔에 몸이 녹는다.

잠시후 찻잔을 돌려드리기 위해 도자기 가게로 들어섰다. 가게 안에서 할아버지 세분이 담소를 나누고 계셨다. 흙그릇을 빚던 분이 K에게 그릇을 빚어보라고 권하셨다. 여러번 사양끝에 K가 돌림판 위에 앉아 그릇을 만들었다. 울퉁불퉁하지만 한글로 이름도 세겼다.

가게 벽엔 한국 아가씨 사진이 한장 붙어있다. 차를 주신 할아버지가 그녀에게 받은 편지를 보여주신다. 편지지엔 '싱그러운 너의 목소리'라는 문구가 한글로 인쇄돼 있다. 할아버지가 어떤 뜻이냐고 물으신다. "당신 목소리가 싱그럽답니다."

답하니 싱긋 웃으신다. 그의 눈엔 그리움이 서린다.

그녀는 의사인데 터키에 있다가 네팔 대지진 후 그곳으로 갔다고 한다. 봉사활동일까. 괜히 뿌듯했다.

버스가 도착하기 전까지 할아버지들과 이런저런 얘기를 나눴다. 구석에 들어가 작은 찻잔도 두 개 구입했다. 세계일주 시작 후 최초의 기념품이다. 글을 적는 지금도 내 방에 그 찻잔이 있다.

"잘 쓰겠습니다. 모두 건강하세요."

이후 도착한 마을버스를 타고 숙소 인근으로 이동하는 중 낙타를 봤다. 서양 관광객들이 낙타의 등에서 흥겨워하고 있었다. 메르스를 떠올렸다. 저들과는 상관없겠지.

저녁식사 후 예약해 둔 밤샘 버스를 타고 이스탄불로 다시 이동했다. 터키의 장거리 버스는 편했다. 간식이 제공되고 좌석마다 설치된 스크린으로 영화도 볼 수 있었다.

이른 새벽 이스탄불에 도착해 며칠 전 묵었던 숙소를 다시 찾는다. 당일 밤 이집트행 항공기를 탈 때까지 짐을 맡겨둘 장소가 필요했기 때문이다. 보관료는 웃음으로 때우고 넉살좋게 샤워실까지 빌린다.

젊은 주인장은 한국 모 예능프로그램에 나오는 터키인과 본인이 친구라며 웃었다. 호텔 예약사이트에 좋은 후기를 남겨달라고 부탁한다.

'당신 목소리도 싱그럽군요.' 생각하며 시내로 향했다. 햇살이 눈부셨다.

2015. 6.5. 2:15PM(한국시간 기준),
터키 이스탄불 TAKSIM ISTANBUL APARTMENT에서 작성.

'사표' 쓰고 지구 한 바퀴

Ep.032

지옥 속 천국

6월 5일 밤 11시 터키 이스탄불 사비하괵첸공항(Sabiha Gökçen International Airport). 작은 항공기들이 저마다 날아가고 있다. 청사에서 아프리카 이집트행 항공기를 기다리는 중이다. 잦은 연착으로 원성이 자자한 터키 페가수스 항공사다. 일인당 한화 5만원 가량의 저렴함이 최대 무기다.

며칠전 인터넷 결제 후 'MOON KWAN KIM'이 아닌 'KWAN MOON KIM'으로 예약명이 잘못된 사실을 발견해 수정요청 이메일을 보냈뒀던 터다.

공항에서 보딩패스를 받는데 이름이 여전히 틀렸다. 직원들에게 문의하니, "노 프라블럼" 답변이 한결 같았다. 역시 상식과 현장은 다르다.

항공기는 다행히 제시간에 출발했다. 좌석에 앉자마자 죽은듯 잠들었다. 문득 눈을 뜨니 목적지인 이집트 샴엘셰이크(Sharm El-Sheikh) 공항이다.

작은 청사 안으로 들어서니 비둘기가 날아다닌다. 현지시각 새벽 2시. 하루가 지났다.

짐을 찾고 비자부터 받으려는데 현지 직원이 1인당 미화 25달러 정찰가에다 5달러 수수료를 더 부른다.

"당신 뒤에 붙어있는 안내문을 읽어보니, 수수료에 대한 말은 없는데?"

필자의 항의를 듣자마자 직원이 여권에 붙였던 비자를 뜯어낸다. "너 참 똑똑 하구나" 비아냥과 함께. 다른 여행객들도 모두 30달러를 내고 통과했단다.

당연히 화가났지만, 비자를 받아내는 게 급선무다. 특히 당시 이집트 정부는 테러 등의 문제로 외국인에 대한 공항 발급비자를 5월 15일부터 불허한다고 발표했다가 철회한 터였다.

"그래 그래 알았다." K 몫까지 60달러를 지불하니 비자가 부착된 여권이 돌아온다. 앞서 1달러 팁을 요구했던 캄보디아 시엠립(Siem Reap) 공항의 씁쓸했던 기억이 떠올랐다. '여기도 선진국은 아니군.'

이어진 세관에선 한 서양인의 배낭이 무참히 해체되고 있다. 우리에겐 "문제 없지?" 하면서 짐을 볼 생각조차 안한다. 아시아인은 테러와는 무관하다고 생각하나보다.

입국장으로 나온다. 예약해둔 호텔은 당일이지만, 체크인 시간이 오후 2시다. 10시간 이상을 공항에서 버텨야한다.

ATM 기기에서 이집트 파운드화를 출금한다. 본격적으로 밤을 지세우려는데 공항엔 아무도 없고 불편하다.

담배 한대를 태우기 위해 공항 문을 나선다. 검은 바람이 거세다. 모래냄새가 난다. 담배를 태우고 K가 졸고 있는 입국장으로 다시 들어서려는데 군인이

천국같았던 이집트 삼엘셰이크의
숙소.

막는다. 황당하다. 마침 지나가는 항공사 직원들에게 문의하니 국제 콘퍼런스로 인한 보안문제 탓이란다.

결국 K가 짐을 모두 챙겨 공항밖으로 나온다. 일단 호텔로 가야할 모양새다. 배낭을 매자마자 택시기사들이 들러 붙는다.

"니하오? 노 위아 코리언. 오 삼숭! 차이니스 폰 매니 브로큰. 하하하하하하하. 하하하하하하하하하."

건장한 40대 민머리 택시 기사가 신이 났는지 재미있는 영어로 떠든다.

시내까지 공식 택시 요금은 70이집트 파운드이지만, 그들은 모두 200이집트 파운드를 부른다. '또 흥정이군.' 여차저차 120이집트 파운드에 합의하고 택시에 몸을 싣는다. 텅빈 도로를 20여분 달린다. 택시 창 너머 한쪽은 사막, 반대쪽은 홍해다. 중심가를 지나치니 카지노와 호텔 등으로 불야성이다.

중심가를 지나서니 암흑. 괜한 두려움에 여권과 현금이 든 복대를 꼭 잡아본다. 무지는 공포다. 인적없는 새벽에는 더더욱….

다행히 조금 외진곳에 위치한 숙소에 무사히 도착한다. 기사가 잔돈이 없다며 20파운드를 건네지 않는다. 그러나 그의 손에 들린 잔돈이 보인다. 잡아채고 "이게 잔돈아니냐. 이제 가라 수고했다." 냉정하게 쏘아붙인다.

덩치 큰 기사는 군말이 없다. 낯선 여행지에선 흔한 일이다.

호텔로 들어서니 젊은 리셉션 직원이 우릴 반긴다. 본인이 다음달 한국으로 관광을 간다고 말하면서. 예상외의 환대를 받으며 메르스로 인한 우려를 슬쩍 전한다.

방을 안내받는다. 리조트 형식의 호텔로 1~2층의 하얀색 예쁜 방이 수영장

'사표' 쓰고 지구 한 바퀴

을 중심으로 늘어섰다. 바로 앞엔 홍해가 보인다. 더블룸인데도 침대가 4개나 있다. 삼시세끼와 술을 포함한 음료 무한 제공이 1인당 3만원(1박기준) 꼴이다. 아프리카의 저렴한 물가를 실감한다.

필자와 K는 터키 카파도키아에서 밤샘버스를 타고 이스탄불까지 이동한 후 같은날 밤 11시 비행기를 타고 새벽에 도착했기 때문에 3일간 눕지 못했다. 샤워를 마치고 기절하듯 잠이 들었다.

새벽 5시. 어디선가 들어온 햇빛에 잠에서 깼다. 온몸이 쑤신다. 뜻하지 않은 일출을 방에서 본다. 반대편 하늘엔 아직 달이 떠있다. 꿈인지 생시인지 분간이 가지 않았다. 마치 천국같았다.

2015.6.6.7:23PM(한국시간기준), 아프리카 이집트 HALOMY HOTEL에서 작성.

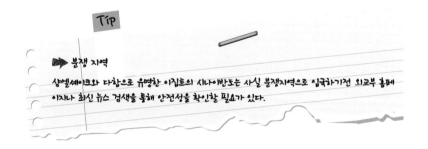

Tip

➡➡ 분쟁 지역
샹젤리제013와 다합으로 유명한 이집트의 시나이반도는 사실 분쟁지역으로 입국하기전 외교부 홈페이지나 최신 뉴스 검색을 통해 안전성을 확인할 필요가 있다.

바닷속 볕살

파란 열대어와 눈이 마주친다. 옆을 스치는데 한쪽 눈알이 필자를 쫓는다.

바로 아래 산호초에는 십 수마리 크고 작은 물고기들이 몰려들어 입을 뻐끔거린다. 층층이 다른 색을 입은 홍해. 그 속은 파랗다는 단어로는 설명이 어렵다. 갖가지 색만큼 온도도 다양하다. 좀 더 깊은 곳으로 이동하자 아무것도 보이지 않는다.

방수팩에 담은 스마트폰으로 음악을 틀자 선명히 들린다. 황홀하다.

저 앞에선 실같은 볕살이 사람을 유혹한다. 파란어둠을 꿰뚫은 가는 실들.

아프리카 이집트 샴엘셰이크(Sharm El-Sheikh)에서의 스노클링. 물이 투명하고 따스해 종일 즐길 수 있다.

물고기는 사람을 두려워하지 않는다. 그리고 서로를 건드리지 않는다. 물속에선 사람도 물고기처럼 굴어야 한다.

이집트 샴엘셰이크의 깨끗한 바다.

며칠을 푹쉬고 '배낭여행자의 블랙홀' 다합(Dahab)으로 이동한다. 분위기가 편해 한번 발을 들이면 5일은 기본. 그래서 블랙홀이라고 불린다는 곳이다. 저렴하게 다이버 자격증을 취득할 수 있고 바다가 아름다운 여행자의 천국이다.

샴엘셰이크에서 택시로 1시간 가량을 이동하는데 곳곳에서 검문이 이뤄지고 있다. 최근 이집트 룩소르와 기자에선 이슬람 무장단체에 의한 테러가 발생했다고 한다.

다합은 나른하다. 수영하고 눕고 일어서면 해가 진다. 해먹 위에서 하루종일 강물을 바라봤던 라오스 돈뎃섬이 떠오른다. 강사를 섭외해 다이빙도 체험해 본다. 지구의 70%는 물이다. 인간이 밟고 사는 땅은 전체의 30%에 불과하다. 바다 바닥에 발을 디디고 숨을 쉬어본다.

이집트 샴엘셰이크의 깨끗한 바다. 소년이 물고
기를 모으기 위해 식빵 조각을 뿌리고 있다.

이집트 다합의 거리. 스킨스쿠버와 다이빙을 저렴하게
즐길 수 있다.

뱉어낸 공기방울이 수면위로 오른다. 오랜만에 한국여행자들도 만난다. 아
프리카 이동루트를 귀동냥한다. 수단, 에티오피아, 케냐 까지의 육로 이동 동
선을 지도위에 그려본다.

바닷가 반대편으로 이동하니 사막이다. 타는 듯한 더위. 간간히 건조한 바람
이 불어온다. 모래냄새가 난다.

2015.6.13.12:25AM(한국시간 기준), 이집트 다합 ALASKA CAMP&HOSTEL에서 작성.

'사표' 쓰고 지구 한 바퀴

Ep.034

세명의 신

    6월 14일 이집트의 수도 카이로(Cairo) 국립박물관 입구. 총을 둘러맨 군인들이 눈을 번뜩인다. 장갑차 옆 기관총의 총구가 행인들을 향해있다. 타는듯한 하늘아래 긴장감이 가득하다.

    당시 피라미드와 스핑크스가 있는 카이로 기자지구와 룩소르 일부 신전 등 관광지에서 폭탄테러가 발생했다. 이번 테러를 주도한 이슬람국가(IS) 무장세력 3명은 모두 죽거나 체포됐다. 이집트 정부는 관광수입이 줄어들 것임을 즉각 인정했다.

    박물관 방문전 미리 숙지한 사실임에도 불구하고 지척의 총구를 보자 소름이 돈다. 배낭을 검사받고 박물관에 들어서 투탕카문의 마스크를 비롯한 호화로운 유적들을 둘러본다.

    내부 특별전시장의 전시 주제는 '하나의 신, 세개의 종교(One god, three

이집트 카이로 박물관 내부.

religions)'다.

이슬람교, 유대교, 기독교의 근원은 하나임을 증명하는 사료들이 눈길을 끈다. 예수와 마호메트 등 예언자가 등장하는 익히 알려진 이야기들이다. 역사적 가치 때문인지 사진촬영은 엄격히 금지됐다.

하나로 묶인 이들 종교는 생경하다. 중동과 아프리카의 여러 이슬람 국가에선 여권에 이스라엘 비자가 붙어있으면 입국을 원천 불허하고 있다. 세계각지에선 수많은 이들이 종교갈등으로 목숨을 잃고 있다.

두어시간 후 박물관을 나서는데 뒷머리가 따갑다. 비단 더 뜨거워진 햇살 때문만은 아니다. 군인들의 눈초리가 더욱 사납다.

이집트의 수도 카이로 시내.

'사표' 쓰고 지구 한 바퀴

우주인의 흔적, 위대한 피라미드

다음날 아침 기자지구로 이동해 피라미드와 스핑크스를 둘러본다. 세상에서 가장 무거운 건축물을 바라보며 상상을 뛰어넘는 거대함에 압도된다.

인간이라면 누구나 그럴 수 밖에 없으리라 생각한다. 정말 우주인의 흔적은 아닐런지….

오후 버스터미널을 찾아 저렴한 밤버스를 타고 나일강(Nile River)을 따라 룩소르(Luxor)로 이동한다. 10시간이 걸렸지만 이제는 그리 길지 않게 느껴지는 시간이다.

이슬람교 라마단 하루 전인 6월 17일 오전. 룩소르 '왕가의 계곡'을 둘러본다. 사막의 산 아래 개미집처럼 수십 개의 방이 뚫려있다. 방마다 배를 타고 강을 건너는 그림들이 많다. 나일강의 서쪽은 죽음, 동쪽은 삶을 상징한다고 한다.

인근 사원엔 3000여년전 존재했던 여러 신들의 그림과 조각이 자리잡고 있

누구나 압도될 만한 이집
트의 피라미드.

다. 모든게 거대하다. 일부 채색도 남아있어 경이롭다.

가이드는 박테리아가 번식할 수 없는 재료들로 칠했기 때문이라고 설명한다. 박테리아란 단어에 메르스를 처음 발견했다는 한 이집트인이 떠오른다.

이집트 룩소르의 왕가의 계곡 유적지.

인근 마을에서 호루스와 알라바스타 등 영화와 만화에서 접했던 여러 신의 이름과 지명을 듣는다. 1970년대를 풍미한 모 미국밴드의 이집트식 앨범재킷(알란파슨즈 프로젝트)도 기억난다. 문득 단군을 믿는 대종교가 생각나 가이드에게 묻는다.

"이집트엔 지금도 저 신들을 믿는 이들이 있나요."

"없습니다." 대답이 간결하다.

신은 죽었다. 20세기가 시작되던 해 사망한 한 철학자가 선포했다.

이는 신에 대한 인간의 믿음이 사라졌다는 의미이자 종교가 지배했던 시대가 끝났다는 의미라고 학교에서 배웠다.

저 이집션 신은 언제쯤 죽었을까. 믿음은 언제부터 인간을 죽였을까. 대답없는 질문만 맴돌았다.

2015. 6.18. 05:23AM(한국시간 기준).
아프리카 이집트 룩소르 MERRYLAND HOTEL에서 작성.

Ep. 036

나일강의 라마단

　6월 18일 오후 아프리카 이집트 최남단 도시 아스완(Aswan)의 수크(시장) 거리. 적도에서 가까운 이곳은 매우 뜨겁고 건조하다.

　이날은 이슬람교 라마단의 첫날이었다. 라마단은 천사 가브리엘이 마호메트에게 코란을 가르친 달이다.

　교인들은 한달간 일출에서 일몰까지 의무적으로 금식하고, 매일 다섯번씩 기도한다. 해가 떠 있는 동안 음식뿐만 아니라 담배, 물, 성관계도 금지된다.

　전날 만난 부부여행자로부터 라마단에 대비해 식량을 미리 사둬야한다는 등의 조언을 들었지만 다행스럽게도 대부분의 가게는 영업하고 있다.

　아스완 소재 수단 대사관에 들러 비자를 신청하려 했지만 업무시간이 짧다. 오는 21일 아침까지 기다려야만 한단다.

　해질 무렵인 오후 6시 30분. 수크 인근엔 오가는 사람이 적다. 확성기를 통해 이슬람 경전을 외우는 소리만 울려 퍼진다.

이집트 아스완에서 바라본 나일강.

가게 앞과 길거리에 돗자리를 펴고 적게는 네명, 많게는 십수명이 둘러앉아 식사하고 있다.

일부는 "라마단!"이라고 크게 외치면서 필자와 K를 초대한다. 넉넉한 체구에 어울리는 너털웃음이 잠시 발길을 멈추게 한다.

7시 시샤(물담배) 카페는 발디딜 틈이 없다. 숯을 굽는 아이가 바쁘다. 모두 연기를 뿜으며 어둑해지는 하늘을 응시한다. 진한 커피를 한잔 마신다.

카페에서 나와 아프리카의 젖줄 나일강을 따라 걷는다. 그림같은 초승달이 걸려있다. 비린내가 코를 찌른다.

2015.6.19.03:41AM(한국시간 기준) 아프리카 이집트 아스완 MEMNON HOTEL에서 작성.

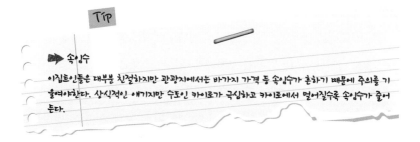

Tip

➡ 속임수

이집트인들은 대부분 친절하지만 관광지에서는 바가지 가격 등 속임수가 흔하기 때문에 주의를 기울여야한다. 상식적인 얘기지만 수도인 카이로가 극심하고 카이로에서 멀어질수록 속임수가 줄어든다.

Ep. 037

어느새 정든 아스완

아프리카 이집트 최남단 아스완(Aswan)에서의 마지막 밤. 몇 시간만 지나면 이웃나라 수단의 수도 카르툼(Khartoum)행 버스에 몸을 싣는다.

이집트를 지나 유럽 그리스로 가려했던 원래 일정이 아프리카를 조금 더 둘러보는 것으로 바뀌면서 지명조차 몰랐던 이 작은 도시에서 여섯밤을 보냈다. 이곳의 수단 대사관에서 관광비자를 발급받는데 적잖은 시간이 걸린 까닭이다.

아침에 눈을 뜨자마자 버스를 타고 대사관으로 이동해 비자를 받고 단골식당에서 푸짐하게 식사한다. 새우가 튼실하다.

걸어서 숙소로 돌아오는 중 노점에서 사탕수수 주스를 한 잔 마신다. 즙을 짜는 열살 남짓한 아이는 우리를 보자마자 주문을 받지도 않고 주스를 내준다.

시장에서 아프리카 여행의 필수품인 벌레퇴치제를 구입하고 얇고 긴 바지도 한 벌 산다. 이어 거니는데 많은 이들이 알아보고 인사를 건넨다. "안녕하세요.

이집트 아스완을 가로지르는 나일강의 석양.

감사합니다." 좀 어설픈 한국말도 들린다.

작은 마을, 며칠째 오고간 길이다. 해가 중천이라 그림자가 발바닥에 바짝 붙어있다. 기온은 섭씨 40도를 훨씬 넘는다. 어제와 다르지 않다.

숙소 앞에서 자연스레 여길 '우리집'이라고 부르고 있는 우리를 발견하고 잠시 즐거워한다. 한숨자고 나일강가로 나가 펠루카(요트)를 잡아탄다.

해질무렵 초승달이 해보다도 밝아 보인다. 젊은 사공이 학생이라며 볼펜을 달란다. 좋아하는 모나미를 한자루 건넨다.

이슬람교 라마단 관계로 저녁은 항상 직접 끓이는 이집트 라면이다. 한화

200원하는 라면 두봉과 전날 사둔 고추 한알을 들고 로비로 내려가니 직원들이 알아서 주방을 비워준다. 식사를 마치자 시원한 전통음료를 내온다. 맛나서 맛있게 마시니 잔을 다시 채워준다. 더 맛나게 들이킨다. 그들이 함께 사진을 찍잔다. 아쉽다고 연신 말한다.

"그래요. 헤어짐은 아쉽죠."

어둑한 밤 숙소 앞 작은 커피숍으로 나선다. 허름하지만 매일 찾았던 우리의 아지트다. 쓴 커피와 단 커피를 한잔씩 주문한다.

"이젠 더 못와요. 몇시간 후 수단으로 갑니다."

일하는 청년은 과묵하다. 이내 주방으로 슬쩍 가더니 달콤한 이집트 간식을 잔뜩 내온다. 청년은 다시 고요하다.

아스완. 몰랐던 동네였지만 정이 많이 들었다. 사람 그리고 사람들. 언젠가 다시 올 수 있을까. 그날밤엔 인터넷으로 음악을 들었다. '먼훗날에 돌아온다면 변함없이 다정하리라.' 옛가수 장현의 노랫말이다.

2015.6.24.04:11AM(한국시간 기준) 아프리카 이집트 아스완 MEMNON HOTEL에서 작성

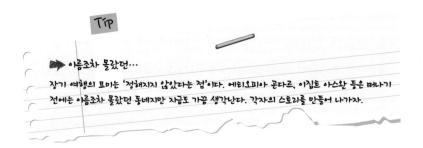

TIP

➠ 이름조차 몰랐던…

장기 여행의 묘미는 '정해지지 않았다는 점'이다. 에티오피아 곤다르, 이집트 아스완 등은 떠나기 전에는 이름조차 몰랐던 동네지만 지금도 가끔 생각난다. 각자의 스토리를 만들어 나가자.

'사표' 쓰고 지구 한 바퀴

정말로 태운다. 수단

    지평선이 아득하다. 살이 타고 숨이 막힌다. 아프리카 사막위에 그려진 이집트-수단 국경선을 넘는다.

    6월 24일 새벽 5시 이집트 최남단 아스완(Aswan) 기차역 앞. 동트기 전이지만 많은 사람들이 역 앞 광장에서 삼삼오오 어울리고 있다. 여행사 창구 앞에서 미리 사둔 티켓을 보이고 직원이 지정해 준 버스에 몸을 싣자 잠이 온다.

    몇 시간을 달렸을까. 동틀 무렵 차창에 비친 햇살을 받으며 잠에서 깬다. 어느새 버스가 커다란 배에 실려있다. 나일강(Nile River)을 건너는 중이다. 잠시 내려 기지개를 켠다.

    삼십여분을 이동한 배가 육지에 닿자 버스가 다시 시동을 건다. 곧 국경이다. 배낭을 메고 차에서 내려 이집트 출국 및 수단 입국 절차를 마친다. 이집트에선 군인들이 여권을 자세히 검사한다. 수단에선 직원들이 필자와 K를 반가

끝이 보이지 않는 수단의 황량한 도로.

이집트에서 인접국 수단으로 향하는 배.
나일강을 건너는 배 위에 필자가 타고온
버스도 실려있다.

워하는 눈치다. 쾅! 여권에 도장이 찍히
는 소리가 이제는 익숙하다.

오후 1시. 다시 같은 버스를 타고 국
경마을 와디할파(Wadi Halfa)로 향한
다. 차창밖 풍경은 끝이 보이지 않는 사
막이다. 살아있는건 거의 보이지 않는다. 정말 아프리카구나. 창밖을 바라보던
K가 중얼거린다.

중간에 잠시 정차한 휴게실. 버스에서 내려 모래를 밟자 혹 어지럽다. 태어

'사표' 쓰고 지구 한 바퀴

나서 만나본 중 가장 뜨거운 햇살이 정수리에 내리 꽂힌다. 타는 공기를 힘주어 들이 마신다. 누군가가 현지기온이 섭씨 45도를 넘겼다고 말한다. 절로 납득한다.

휴게실이지만 이렇다할 건물조차 없다. 벽돌이 얼기설기 쌓여있을 뿐이다. 눈을 비비고 자세히 보니 간단한 음료를 판다. 물은 녹슨 드럼통에서 떠먹는다. 그런데 화장실이 없다. 남자들은 모두 사막 뒤편으로 가더니 무릎을 꿇고 소변을 본다. 어쩌면 기도하는 이도 있었을지 모르겠다. 치마와 비슷한 이슬람 전통복장을 한 어르신들은 앙상한 나무 가지 뒤에 앉아서 대변을 보고있다. 눈길을 피해준다.

오후 2시경 도착한 국경마을 와디할파는 사막 한가운데 대부분 단층의 낮은 건물이 몇 채 서있는 황량한 시골이다. 누군가가 직접 손으로 갈겨쓴 듯한 '샘숭(SAMSUNG)' 간판이 애처로우면서도 반갑다.

'호텔'을 찾아 방을 잡는다. 호텔이라기보단 2층 건물이 딸린 야영장같다. 1층에서 한가롭게 식사한다. 무더위 때문인지 하늘도 땅도 사람도 당나귀도 축 늘어졌다. 저녁 7시가 넘어서자 여기저기서 모여든 사람들로 동네에 활기가 돈다. 어느새 초승달에서 반달로 바뀐 달이 벽돌담위로 올라 세상을 비춘다.

차를 한잔 마시고 방으로 돌아온다. 아니 이런. 에어컨이 고장났다. 방이 사우나다. 지저분한 공동 욕실 겸 화장실에서 일단 샤워부터 한다. 금새 물기가 마르고 진땀이 솟는다. 30분마다 자고 깨길 반복한다. 그래도 다행이다. 시간은 간다.

다음날 새벽 4시. 1시간 후 수도 카르툼(Khartoum)으로 출발하는 대형버스를

수단의 고속도로 휴게소. 아무것도 없다.
심지어 화장실조차.

아프리카에서 흔히 볼 수 있는 몸무게 측정
기. 국가마다 가격은 조금씩 다르지만, 대략
한화 100원 수준이다.

타기 위해 방을 나선다. 방문을 여니 어
둠 속 어디선가 시원한 바람이 불어온
다. 복도를 지나가려는데 발밑에 뭔가
가 걸린다. 침대다.

이게 웬걸. 우리를 제외한 모든 숙
박객(이날 관광객은 우리가 유일했다)들이
복도로 끌고 나온 침대에서 달게 자
고 있다.

"오. 신이시어!" 탄식했지만, 이
미 늦은 후회였다. 평온한 그들의 잠
든 얼굴이 괜히 얄미웠다.

터미널에서 에어컨이 나오는 대
형버스 자리에 앉자마자 깊이 잠든
다. 정확히 12시간이 지난 오후 5시
카르툼에 도착한다. GPS를 켜보니
한 나라의 수도임에도 그리 크진 않
다. 한국산 다마스를 개조한 봉고택시
를 잡아 타고 유스호스텔로 이동한다.

도착 후 리셉션 직원에게 버릇처럼
"핫샤워?" "와이파이?" 등을 묻는다. 순
박해 보이는 청년은 대답없이 웃는다.

'사표' 쓰고 지구 한 바퀴

몇분 후 공용 욕실의 녹슨 샤워기 꼭지를 돌리는 순간, 그 웃음의 의미를 깨닫는다. 이곳의 더위는 '콜드샤워'를 용납하지 않았다. '뜨거운 날, 뜨거운 샤워'. 결코 달지않은 이열치열의 진수를 맛봤다.

샤워실을 나서는데 서양 청년 3명이 앞마당에서 땀을 뻘뻘 흘리며 오프로드용 차량을 수리하고 있다. 차를 타고 여섯달 아프리카를 누볐단다. 저들의 여행은 분명 또다른 세상이었다.

다음날 동네를 걷는다. 교회 앞 조촐한 시장에서 1수단파운드(한화 약 160원)를 내고 몸무게를 재본다. 세계일주 출발 전보다 정확히 10킬로그램이 빠졌다. 무심코 바라본 팔뚝은 심하게 타서 얼룩덜룩하다. 이집트부터 21일째 사막 체류다. '타는 듯한'이 아니다. 진짜로 태운다.

2015.6.27. 2:02AM(한국시간기준) 아프리카 북수단 하르툼 유스호스텔에서 작성.

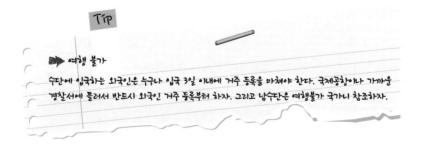

Tip

➤➤ 여행 불가

수단에 입국하는 외국인은 누구나 입국 3일 이내에 거주 등록을 마쳐야 한다. 국제공항이나 가까운 경찰서에 들러서 반드시 외국인 거주 등록부터 하자. 그리고 남수단은 여행불가 국가니 참조하자.

북수단-에티오피아 국경마을 갈라밧.

Ep.039

진짜 아프리카 에티오피아로

　낯선땅에 발을 디딘건 저녁 6시가 조금 넘은 시간이었다. 버스에 설치된 암막커튼과 에어컨도 막지 못한 극한 더위. 답답한 땀내.

　북수단의 수도 카르툼(Khartoum) 터미널에서 버스가 연착돼 에티오피아 입국장 운영시간을 넘겨서야 국경에 도착했다. 북수단 국경마을 갈라밧에서 하룻밤을 보내야 했다. 계획이 어그러졌다. 이곳은 아프리카다. 밤은 위험하다.

　그렇지만 사람들은 정말 친절했다. 같은 버스를 타고온 승객 중 영어를 하는 이들이 모두 나서 필자와 K를 도와줬다. 7명과 한팀을 이뤄 이미 업무를 마감한 수단 출국장에서 출국 도장을 받아낸다. 도장을 받았지만 에티오피아 입국은 내일하라는 관리의 말. 그리하여 문제는 숙소였다.

　"놀라지 말아요. 정말이지 너무 더럽답니다."

　7인의 리더격인 젊은 남수단 사내가 함께 시골길을 걸으면서 말한다. 풀로

이른아침 북수단 갈라밧에서 에티오피아 메템바로
걸어 넘어가다가 만난 청년. 이 청년의 미소를 보고
에티오피아가 좋아졌다. 아무런 이유도 없이.

갈라밧의 숙소. 세계일주 중 시
설로는 최악이었다. 생전 처음보
는 벌레들이 기어다녀 결국 마
당에서 노숙했다.

갈라밧의 식당. 저녁에 아무 고기나 주
문했는데 밤이 돼서야 음식이 나왔다.
전기도 없어 컴컴한 곳에서 먹었다.

지붕을 얹은 벽돌집에 들어서니 같은 버스의 승객들이 옹기종기 모여 더위를 식히고 있다. 남자들은 드럼통에서 물을 떠서 발을 씻는다. 화장실엔 줄이 길다. 방을 보자 잠이 싹 사라진다. 필자보다 청결한 K지만 딱히 다른 방도가 없음을 알았는지 체념하는 눈치다.

배가 고팠다. 방에 배낭을 던져넣고 일단 숙소 앞으로 나섰다. 가장 가까운 식당에서 배고프단 시늉을 하니 노인이 정체모를 고기 한덩이를 숯에 올렸다. 타는 냄새가 났다. 1시간이 휙 지나갔다. 해가 완전히 저물었다. 전기가 없는 식당이 컴컴해졌다. 기다림에 지칠무렵 정체모를 탄고기와 빵, 콩이 나왔다. 먹었다.

식당 바로 앞에선 동네 청년들이 줄지어 앉아 우리를 지켜보고 있었다. 어떤 이유인지 대부분 몽둥이를 들고있었다. 과일향과 민트향이 섞인 따뜻한 샤이 (차)를 마셨다. 마음이 진정됐다.

K와 손전등을 하나씩 들고 숙소로 돌아왔다. 밤이지만 방은 덥고 찝찝했다. 침대위엔 생전 처음보는 벌레 두마리가 죽어있었다. 마당에 있는 그물침대에서 밤을 보내기로 하고 나왔다. 달은 밝고 별도 많구나. 이런 저런 얘길 나눴다. 눈이 감겼다.

다음날 새벽 4시. 추위에 자다깨길 반복했다. 배낭에서 패딩을 꺼내 입었다. 쉰내가 났다.

아침 8시. 여전히 친절한 그들은 우리보고 먼저 걸어서 국경을 넘으란다. 에티오피아인과 수단인이 아니면 줄을 길게 서지 않아도 된다면서. 목적지 곤다르(Gondar)까지의 버스가격과 환전정보도 일러준다. 고마움을 담아 악수하고

'사표' 쓰고 지구 한 바퀴

헤어진다.

낡고 긴 다리를 지나 길을 걷는다. 가건
물같은 에티오피아 입국장에서 최신 기기로
체온을 잰다. 모두 섭씨 36도. 정상이다.
황열병 예방접종증명서와 수단에서 받아
둔 비자를 제시하고 국경을 넘는다.

우리는 곧 에티오피아측 국경마을 메템
바의 구경거리가 된다. 나이와 성별을 가
리지 않고 수군댄다. 일부는 인사한다. 일부는
사진을 찍어달라고 한다. 근 한달간 보지못한

에티오피아-북수단 국경마을 메템바
에서 먹은 전통커피. 한 주전자에 한
화 200원에 불과했다. 이 커피를 마
시고 에티오피아를 사랑하게 됐다.

맥주집이 눈에 띈다. 에티오피아는 이슬람교가 아닌 오소독스(Orthodox, 에티오
피아 정교, 기독교의 일파)의 국가다. 어디선가 구수한 커피향이 난다. 더위도 식힐
겸 주인장이 친절해보이는 가게로 들어간다. 주인장의 남동생이 '풀'이라는 현
지 식사를 권한다. 빵에 매콤한 소스를 찍어 먹으니 제법 맛있다.

주인장이 커피 주전자와 잔을 들고 오더니 옆에 앉는다. '커피 세레모니'가
본고장 에티오피아의 전통이고 문화란다. 정종잔만한 작은 잔에 커피를 계속
따라준다. 진하지만 쓰지않다. 테이블 위에 따로 숯을 피워 향을 낸다. 파리도
쫓고 마음이 편해진단다. 환전 얘기를 하니 건너편 시장에서 환전을 해준다.
유용하게 써먹을 현지어도 몇마디 배운다. 정말 마음이 편해진다. 다시 길을
나서는 걸음걸이가 가볍다.

20여분을 걸어 곤다르행 미니버스 정차장에 도착한다. 족히 30년은 돼 보이

에티오피아의 옛 수도 곤다르. 별다른 것도 없지만 세계일주 중 가장 좋았던 도시 중 하나다.

에티오피아 메템바에서 옛 수도 곤다르로 향하는 승합버스에서 만난 소녀. 라임을 건네줘 오렌지로 답례했다.

는 한국산 봉고로 안내받는다. 적당한 가격에 흥정하고 맨 뒷자리에 앉자 앞자리 소녀가 라임을 한알 건낸다. 싸들고 다니던 오렌지로 답례한다.

버스는 높은 고도의 곤다르를 향해 달린다. 도로상태가 좋아 거침없다. 3시간이 지나니 모두 잠든다. 창밖으로 펼쳐지는 초록물결에 눈을 뗄 수 없다. 넓고 높고 밝다. 정체불명의 비행체가 구름 옆에 궤적을 남긴다.

비내리는 곤다르에 도착한다. 길을 걷는다. 커피가 당긴다.

2015.7.1.04:04AM(한국시간 기준),
아프리카 에티오피아 곤다르 LSHAPE HOTEL호텔에서 작성.

'사표' 쓰고 지구 한 바퀴

커피에 울다. 오소독스

아프리카 에티오피아의 옛 수도 곤다르(Gondar)서 첫 아침을 맞는다. 볕살이 달콤하다.

호텔서 간단히 식사하고 10여분을 걷는다. 다리가 짧은 당나귀는 귀엽고 바삐 오가는 삼륜차가 정겹다.

시내 중심가를 지나 이 도시의 상징인 곤다르성(Gondar Castle)으로 향한다. 한국의 늦가을 날씨. 하루에 한두번씩 내리는 비는 대기에 신선함을 더한다.

세계 최빈국 중 하나인 에티오피아하면 떠오르던 굶주린 아이들과 황량한 사막. 땅덩어리가 큰 관계로 그같은 풍경조차 일부에 불과했나보다.

에티오피아는 여러모로 독특하다. 주변 이슬람국 사이에서도 3000년이 넘게 기독교 문화를 지켜왔다. 인구의 절반 이상이 오소독스(Orthodox)라고 불리

에티오피아의 옛수도 곤다르의 곤다르 성. 아담하고 평화롭다. 정식명칭은 파실게비성이다.

는 에티오피아 정교의 신자다. 실제로 아직 무슬림의 라마단은 끝나지 않았지만, 그 흔적이 느껴지지 않는다.

현재 오소독스는 정통적이라는 사전적 의미보다는 진부하다는 뜻으로 주로 쓰인다. 때로는 정통이 흠결이 될 수도 있는 것일까. 종교도 결국 시대의 흐름일까.

또한 에티오피아는 커피의 원산지이기도해 차문화가 발달한 인근 국가들과는 달리 커피문화가 발달했다. 술문화도 자유롭다. 주변 이슬람 국가들에선 꿈도 못꿀 일이다.

곤다르의 젊은이들은 시내 도처에 깔린 당구장에서 포켓볼과 커피, 맥주를 함께 즐긴다. 거리에 흐르는 음악과 색상은 온통 레게풍이다.

유네스코가 세계문화유산으로 지정한 곤다르성은 과거 300여년간 에티오피아를 지배했던 한 왕조의 영화를 상징한다. 현재 성벽 뒤엔 가난한 이들이 모여 산다. 성벽 안에 쌓여있는 돌은 애처롭고 길게 자란 풀은 소담하다.

화무십일홍(花無十日紅). 세월의 무상함을 흥헐거리기엔 너무 아늑하고 친근한, 그런 곳이다.

성 중심에선 졸업시즌을 맞은 현지 대학생들이 정장을 차려입고 기념사진을

'사표' 쓰고 지구 한 바퀴

촬영하고 있다. 검은 그들의 육체를 감
싼 새하얀 셔츠. 웃을때 보이는 하얀 치
아. 바짝 동여맨 새빨간 넥타이는 차라
리 눈부시다.

에티오피아의 옛수도 곤다르의 커피 노점.

　　그리고 나는 영원히 알수없을 저들
자기앞의 생에 대해 잠시 상상한다.
새출발이다. 힘들겠지. 그래도 투명
하기보다는 맑기를….

　　성문을 나서 정처없이 걷는다. 어느새 무성히 자란 머리카락을 정리하
기 위해 '핫'해보이는 현지 이발소의 문을 연다. 세계일주 시작 직후였던 지난
3월 태국 방콕에서의 삭발 후 두번째 이발소 방문이다.

　　이발소 안쪽 벽에는 흑인 특유의 고불고불한 머리카락에 다양한 스타일을
더한 1번부터 15번까지의 사진이 붙어있다. 기왕이면 다홍치마. '뭔가 있어보
이는' 9번을 고른다.

　　요리조리 바리캉을 돌리는 이발사의 솜씨가 예사롭지 않다. 40분이 걸린 정성
어린 이발 후 머리도 감겨준다. 이어진 억센 두피마사지. '피로회복에 제격이군.'

　　그런데 이게 웬걸. 드라이 후 거울에 비친 나의 모습은 9번이 아닌 1번을 닮
았다.

　　K와 수다를 떨며 호텔로 돌아오는 길, 짧아진 머리카락 사이로 바람이 지나
갔다.

　　　　　2015.7.2.04:36AM. 아프리카 에티오피아 곤다르 LSHAPE HOTEL에서 작성.

여행 국가 및 도시
(여행 121일 ~ 180일, 2015. 7. 3~8. 29)

에티오피아 곤다르, 시미엔산, 쉬레, 멕켈레,
다나킬, 아디스아바바
케냐 나이로비, 마사이마라, 몸바사
이탈리아 로마, 바티칸시국, 피렌체
그리스 산토리니
스페인 바로셀로나
프랑스 파리
헝가리 부다페스트
체코 프라하
오스트리아 빈
독일 베를린

part.3

맛있는
검은 대륙,
유럽 예술기행

안개낀 시미엔산

"날씨는 그 누구도 바꿀수 없고 불평할 대상이 아닙니다."

"그래서 어쩌라구요."

자욱한 안개 때문에 오전내내 불편했던 심기가 결국 입밖으로 터져나온다. 갑작스런 쏘아붙임에 일순간 정적이 돈다. K조차도 놀란 기색이다.

7월 3일 정오 에티오피아 곤다르 인근 시미엔 국립공원(Simien National Park)에서의 일이다. 시미엔은 희귀한 지형과 동식물로 유네스코 세계자연유산으로 등재된 고산지대다. 에티오피아의 대표적인 관광자원 중 하나다.

시계를 돌려 이날 아침 7시. 전날 예약해둔 지프에 탑승할때만해도 화창한 날씨에 우린 그저 행복했다. 두어시간을 달리며 바라본 차창밖 고원의 풍경은 황홀했고 목자들은 부지런해보였다. 그리고 드넓은 초원에서 풀을 뜯는 양과 소의 여유로운 자태는 분명 흔히 볼 수는 없는 근사한 장면이었다.

국립공원 관리사무소에서 출입 수속을 마치고 스카우트(총을 든 경호원) 및 가이드와 합류해 공원으로 입장한다. 해발고도 3000m를 넘어 계속 오른다.

그런데 30여분이 지나자 안개가 자욱하다. 일부 구간에선 불과 5미터 앞의 차량도 보이지 않을 정도다.

투어 계약시 목표했던 폭포까지 갈 수나 있는걸까. 이런 생각속 두어시간을 걷는다. 불행하게도 안개는 더욱 짙어진다. 사진으로 본 '하늘 위를 걷는다'던 절경은 전혀 보이지 않는다. 최선을

시미엔산에 사는 독특한 원숭이들. 사람을 전혀 두려워하지 않고 위해를 가하지도 않는다.

다하는 듯한 가이드의 설명조차 귀에 들어오지 않는다. 다만 빨간 가슴을 가진 희귀종 원숭이(겔라다 바분 혹은 젤라다 비비)를 만난다. 풀을 먹고 근사한 머리털을 휘날리며 절벽을 날아다닌다. 사람을 두려워하지도 위협하지도 않는다. 모든 게 무척 자연스럽다.

결국 정오께 1시간 가량 남은 일정을 포기하고 아일랜드 여행객과 합류해 하산하기로 한다. 바로 그때 아일랜드 여행객의 가이드가 우리를 위로한다고 던진 말이 그만 화를 돋군다. 급히 쏘아붙인 필자의 말은 곧바로 망치로 둔갑해 필자를 내리친다. 툭 뱉어진 말은 절대로 다시 삼켜지지 못한다.

또 한번 작은 마음하나 다스리지 못했다.

시미엔산 가는 길 시골길의 풍경.

시미엔산의 독특한 식물. 잎사귀 위
로 가시가 돋아 있다.

'사표' 쓰고 지구 한 바퀴

하산하는 길엔 안개가 조금 걷혀 사진을 몇장 남긴다. 공원을 나와 곤다르로 돌아오는 길, 차를 세우고 점심 도시락을 먹는다. 오전내내 수고한 가이드가 작별인사를 건네는데 서로의 표정은 어색하다.

아프리카는 물가가 무척 저렴하지만 투어비는 매우 비싸다. 보안상의 문제로 가이드와 스카우트 없이 개별행동이 불가능한 곳이 대부분이기 때문이다. 실제 체감 여행경비는 유럽보다 약간 저렴한 수준이다. 경험자들이 칭송하는 '죽음의 땅' 다나킬 침하지역(Danakil Depression)의 경우 3박 4일 투어에 일인당 최소 미화 400달러가 필요하다. 탄자니아에서 오르는 킬리만자로 트레킹의 경우 일인당 한화 100만원 가량이 든다.

이날 투어도 단 하루의 일정이었지만 한화 20만원이 넘는 큰 돈이 들었다. 당연히 아쉬운 마음이 컸다.

오후 5시경 숙소로 돌아와 사진을 정리하는데 생각보다 훨씬 많은 사진을 촬영했다. 미안하다. 가이드로부터 오전 분위기를 전해들었을까. 여행사 매니저가 호텔로 찾아온다. 그는 본인 잘못도 아닌데 송구해하며 이런저런 여행정보를 던져준다. 자괴감이 든다. 악수하고 그를 보내면서 생각한다. 그래도 아직은 때가 덜 묻은 곳이구나.

여행중의 화는 득보다 실이 많다. 다시한번 바라본다 평정심.

2015. 7. 3. 02:42AM(한국시간 기준).
아프리카 에티오피아 곤다르 LSHAPE HOTEL에서 작성.

여행자의 아침

"차이나? 쏴알라 쏴알라~, 재패니? 쏴알라 쏴알라~"

7월 3일 이른 아침 아프리카 에티오피아 곤다르 시외버스 터미널. 북적이는 사람들 가운데 불쑥 '바자지(오토바이를 개조한 현지 택시)'에서 내린 동양인 둘을 보며 십수명이 달라붙어 현지어를 외친다.

목적지는 '죽음의 땅' 다나킬 침하지역(Danakil Depression)'으로 향하는 길목 도시 쉬레다. 이를 얘기하니 한 검은 청년이 티켓창구로 우릴 안내하고 쿨하게 돌아선다. 이집트와 수단 등 다른 여행지에서와는 달리 안내비를 요구하거나 바가지를 씌우려는 기색은 없다.

현지인으로 부터 미리 파악해둔 정찰가격 한 사람당 127비르(한화 약 7000원)를 창구에 내고 표를 받는다. 12시간 가량이 걸린다며 내일 새벽 5시 전까지 터미널로 오란다.

터미널 앞에서 바나나 7송이를 15비르(한화 약 800원)에 구입한다. 이어 젊은 이들이 모여있는 현지 카페에서 커피와 케익을 주문한다. 에티오피아 전통커피가 아닌 현지서 '마끼아또'라고 불리는 현대식 커피다. 한잔에 한화 330원에 불과한데 그럴싸한 모양새다. 맛과 향은 고국에서 먹던 것보다 낫다.

대학생으로 보이는 카페 앞자리 젊은이들은 '인제라(시큼한 빵에 소스를 곁들인 에티오피아 전통식사)'를 같이 먹자고 권한다.

숙소로 돌아오는 길 ATM에서 현금을 인출한다. 여긴 비자보단 마스터카드를 선호한다. 세계일주 중 다써버린 치약 등 생필품을 몇개 구입하고 길을 어어가는데 허름한 커피가게가 눈에 띈다.

전통의상을 차려입은 풍만한 주인장의 인상이 좋다. 그녀 앞엔 귀여운 주전자가 숯과 짚이 태워진 불위에서 끓고있다. "얼마죠." 그녀는 영어를 못한다며

에티오피아 곤다르의 길거리
커피 판매점. 맛이 기막히다.

에티오피아 곤다르에서 필자의 볼을 꼬집고 있는 어린이들.

손가락 5개를 수줍게 내민다. 불과 한화 270원이란 의미다.

주문하자 금새 한쟁반이 차려진다. 마음을 안정시키는 타는 숯도 함께. 작은 잔에 담긴 커피는 일반적인 에스프레소보다 진하지만 쓴맛이 전혀 없다. 볶은콩의 구수함에 가까운 풍미다.

한잔을 더 마신다. 심장이 두근거린다.

길을 나서려는데 뒤에서 동네 꼬마들이 "차이나?"하면서 필자를 덥석 껴안는다. 손으로 아이패드를 가르키길래 함께 사진을 촬영한다. 어느새 나타난 가게 직원이 돌을 던지며 꼬맹이들을 쫓아낸다. 웃으며 달아나면서 손을 흔든다.

"잘 살아라." 멀리서 답례한다. 사람냄새가 남는다.

여행자의 어느 아침. 모든일이 순조롭게 풀릴것만 같았던….

2015.7.3.05:22PM(한국시간 기준).
아프리카 에티오피아 곤다르 LSHAPE HOTEL에서 작성.

Tip

➡ 맨발의 아이들

에티오피아에서는 세계일주 중 거쳐온 그 어떤 나라보다 때묻지 않은 아이들을 많이 만날 수 있었다. 동양인을 보면 쿵푸와 비슷한 기예?를 선보이는 아이들이 많았는데 맨발인 경우 다칠 수 있어 주의를 당부한 적이 한 두 번이 아니다.

'사표' 쓰고 지구 한 바퀴

소매치기를 당하다

혼잡한 어둠 속에서의 일이었다. 태어나서 처음으로 소매치기를 당했다.

7월 4일 새벽 4시 30분 아프리카 에티오피아의 고도(古都) 곤다르의 한 호텔 앞. 무거운 배낭을 메고 어두운 길로 나선다. 이날의 목적지는 에티오피아 북부 도시 쉬레다. '죽음의 땅' 다나킬 침하지역(Danakil Depression)'으로 향하는 거점 도시다.

때마침 어둠을 가르며 나타난 바자지(오토바이를 개조한 현지 택시)를 잡아타고 10여분을 달려 시외버스터미널 앞에 내린다.

새벽 5시에 출발하는 버스지만 출발시간이 지나도록 터미널의 철창은 굳게 잠겨있다. 줄잡아 100명의 현지인들이 터미널 앞에서 웅성댄다. 외국인은 필자와 K 뿐이고 검은 그들은 눈만 보인다. 거지들이 구걸한다. 1비르(한화 약 60원) 동전을 한알 적선한다.

노점에서 한잔에 한화 110원인 전통차를 한잔 마신다. 따스한 차향기에도 이미 지나버린 버스 출발시간 때문에 초조하다. K와 함께 일어나 철창 앞에 선다. 30분이 지나서야 철창이 활짝 열린다. '탕!' 달리기 시합의 출발 총성이라도 울린듯, 100여명이 우르르 뛰어든다.

앞서 버스티켓을 끊을때 차량번호와 좌석번호를 받았었지만 여긴 아프리카다. 우선 늦지 않게 탑승해서 자리를 확보해야만 한다. 걸음이 빨라진다. K를 먼저 버스로 올려보내고 무거운 배낭 두개를 들고 버스 뒷편으로 이동해 지붕에 짐을 올리고 뒷문으로 탑승한다.

버스안은 암흑이다. 수많은 흑인들이 뒤엉켜있다. 왼쪽 좌석이 세 자리, 오른쪽 좌석이 두 자리인 버스는 자리 번호도 제각각이다. 인도의 로컬버스를 연상케 한다. 차이점은 여긴 벌레가 없다는 점이다.

혼잡함을 피해 버스에서 내려 다시 앞문으로 오른다. K도 아직 제자리를 찾지 못한 눈치다. 40대로 추정되는 한 현지인이 휴대전화로 밝힌 불을 빌려 두세번 이동끝에 제자리에 앉는다. 연번이지만 K와 필자의 자리는 대각선으로 멀다.

필자가 소매치기를 당한 에티오피아 로컬버스.

그런데 주머니가 허전했다. 세계일주 중 들고 다니던 손지갑이 사라진것을 발견한다. 이날 생활비로 추려둔 125비르 (한화 약 7000원)와 일부 명함 등이 들어있던 것이다.

여권과 고액권이 들어있는 보조가방

'사표' 쓰고 지구 한 바퀴

과 복대를 K에게 맡기고 손전등을 켜 수색에 나선다. 버스 안팎을 뒤지지만, 사람은 많고, 지갑은 보이지 않고, 해는 뜨지 않는다.

문득 몇분전 불을 켜주고 자리를 찾아주던 현지인의 모습이 보이지 않음을 깨닫는다.

'아 당했구나.' 전문적인 사기일까. 아니면 다른 '보통의' 소매치기일까. 혹은 경황이 없어 어딘가에 지갑을 흘린 것일까.

바로 뒷자리 영어가 통하는 젊은이에게 사정을 말하니 주변인 몇몇과 현지어로 얘기를 나눈다. 그러나 지갑은 안보인다.

6시 정각. 답답한 필자의 마음에는 아랑곳하지않고 버스가 출발한다. 자리가 없는 사람은 운전석 근처에 꾸역꾸역 앉는다. 20여분 후 더 답답해진 필자는 버스 뒷편에서 잔뜩 엉켜있는 사람들에게로 다가가 외친다.

"고동색의 작은 지갑을 버스 탑승구 근처에서 잃어버린 것 같다. 찾으면 돈은 가져도 좋으니 지갑만이라도 내게 가져다달라."

서너명이 영어로 알겠다며 현지어로 주변에 알린다. 버스안이 잠시 웅성거린다. 그러나 지갑은 보이지 않는다.

버스는 달린다. 며칠전 들렀던 시미엔 국립공원(Simien National Park) 인근 고원을 지난다. 화창한 날씨다. 차창밖 풍경은 필자의 초조한 마음과는 달리 광활하고 아름답다.

버스는 계속 달린다. 중간 중간 작은 마을마다 일부는 내리고 일부는 탄다. 그때마다 지붕이 쿵쿵거린다. 짐을 내리고 싣기 때문이다. 혹여나 불안해 내려서 우리의 짐을 살피고 다시 탑승하길 반복한다.

버스 출발 7시간 후. 갑자기 K의 뒷자리에 앉은 아기가 크게, 오래 운다. 한국이라면 모든 승객이 화를 냈을 법한 분위기다. 그때 맨 뒷자리에서 한 남자가 걸어온다. 아기에게 초콜렛을 건넨다. 아기는 울음을 뚝 멈춘다. 모든 승객의 입가에 미소가 번진다.

잠시 후 일종의 휴게소에서 차가 정차한다. 오십대 남자가 슬쩍 내리더니 라임을 두알 사온다. 그걸 또 아기에게 건넨다. 그걸보던 K도 바나나를 하나 건낸다.

버스는 오후 3시 목적지 쉬레에 도착한다. 우리가 버스에서 내리자마자 수많은 호객꾼이 목적지가 어디냐고 물으며 달라붙는다. 한명은 아예 버스 지붕으로 올라가 필자와 K의 배낭을 내려준다. 원하지도 시키지도 않았던 행동이다.

가방을 아래로 던지기 직전 "팁! 팁!" 그는 외친다. "지갑이 사라졌다. 돈이 없다." 나는 외친다.

그리하여 무료로(?) 내려진 필자의 배낭은 비닐커버가 벗겨져있다. 들고다니던 백석 시집과 스페인어 교재 등 서적이 들어있는 보조주머니와 아무것도 넣지 않았던 옆주머니의 지퍼가 열려있다. 누군가가 지붕위에 올라 손을 댄 것이다. 화가나서 얼굴이 확 달아오른다. 황급히 쓱 살펴보는데 다행히도 도난품은 없다.

'아 그래, 여긴 아프리카구나.' 현실을 인정하고 정신을 다잡는다. 버스뒤 맨바닥에서 지퍼를 닫고 커버를 씌운다. 킥킥대며 필자를 구경하던 십수명의 호객꾼을 모두 물리친다.

터미널 안 티켓오피스로 이동해 다음날 새벽 최종 목적지 멕켈레로 향할 버스티켓을 구입한다. 현지인 가격인 인당 107비르를 지급한다. 호객꾼을 물리친 결과, 저렴하게 구할 수 있었다.

터미널에서 가까운 허름한 호텔에 방을 잡고 늦은 점심을 먹는다. 텔레비전에선 한글로 '태권도'라고 쓰여진 도복을 입은 한 서양인이 흑인 아이들에게 무술을 가르치고 있다. 반가우면서도 낯설다.

뱃속이 든든해지니 사라진 지갑과 울던 아이가 한번에 떠오른다. 혼돈스러움속에 잠을 청한다.

다음날 새벽. 전날의 경험을 살려 배낭을 들고 버스에 탑승한다. 아무일도 일어나지 않는다. 8시간 후 무사히 멕켈레에 도착해 다나킬 침하지역 3박 4일 투어를 신청한다. 나흘간 지프를 타고 활화산과 소금사막을 둘러보고 현장에서 캠핑하는 내용이다.

비수기임에도 마침 다음날 아침 출발하는 팀이 있단다. 우여곡절이 있었지만, 먼길을 이동해 다나킬에 가게 됐다. 혼돈이 사라지고 설렘으로 가득찬다.

2015.7.6.01:46AM(한국시간 기준). 아프리카 에티오피아 멕켈레 SEIT HOTEL에서 작성.

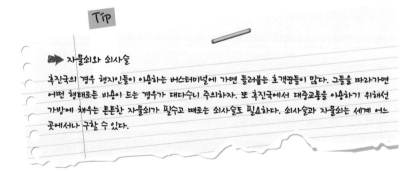

TIP

➡ 자물쇠와 쇠사슬
후진국의 경우 현지인들이 이용하는 버스터미널에 가면 들러붙는 호객꾼들이 많다. 그들을 따라가면 어떤 형태로든 비용이 드는 경우가 대다수니 주의하자. 또 후진국에서 대중교통을 이용하기 위해선 가방에 채우는 튼튼한 자물쇠가 필수고 때로는 쇠사슬도 필요하다. 쇠사슬과 자물쇠는 세계 어느 곳에서나 구할 수 있다.

극한지역 다나킬을 포기하다

'다나킬은 죽인다.'

튼튼한 K가 구토끝에 세계일주 후 처음으로 투어 여정을 포기한다.

7월 6일 오후 6시 아프리카 에티오피아 북부 활화산 에르타알레(Erta Alé) 아래 임시 거처 도둠. 모래바닥에 얼기설기 쌓여진 검은돌이 그늘을 만든다.

그곳에서 휴식을 취한 20여명의 여행객이 활화산 분화구 옆에서 밤을 지새우기 위한 트레킹을 시작하려는 참이다.

에르타알레는 지구에서 가장 낮고 뜨거운 지역 중 하나인 '다나킬 침하지역(Danakil Dpression)'의 일부다.

다나킬은 과거 바다였다. 소금호수, 유황지대, 활화산 등이 있어 외계행성에 온듯한 착각을 절로 불러일으킨다.

에티오피아 북부 소금교역의 중심도시 멕켈레부터 에르타알레 아래 임시거처 도둠까지는 차를 타고 약 7시간을 달려와야 한다. 마지막 3시간 차량은 용암이 굳은 검은 돌로 가득한 험한 땅을 지난다. 사분구동 지프차량이 필수다. 이어 서너시간 트레킹을 거쳐야 늦은 밤 분화구를 볼 수 있다. 섭씨 45도를 오가는 이곳의 무더위는 밤 산행만 허락한다.

지구에서 여행자의 발길을 허용하는 활화산은 현재 아프리카 콩고, 남미 칠레 등지에 다섯 곳이 있다. 그러나 에르타알레는 가장 가까이서 활화산을 볼 수 있는 장소다.

이날 낮 최고기온은 무려 48도. 생애 최대의 고온이다. 간간히 불어오는 바람조차 뺨을 태운다. 당연히 낮에는 트레킹 엄두조차 내지 못한다. 물도 귀해 씻는건 사치다. 짧지않은 이동시간 내내 짐승은 죽고 사람은 먹는다.

도둠을 나서 10여분을 걸었을까. 멀쩡하던 K가 어지럽다며 걸음을 멈춘다. 창백한 얼굴은 곧 기절할 태세다. 그 자리에 앉아 구토를 시작한다. 앞서가던 가이드가 내려온다. 긴장된다.

가이드와 함께 천천히 걷고 쉬기를 반복하지만, 6시 40분경 결국 K가 등반을 포기한다. 지프 뒷자리에 앉았던 K에게는 여기까지도 너무 가혹했던 길이었나보다.

"세계일주 후에야 멀미가 있다는 걸 알았네요." 정신이 없어 보이는 K가 말한다. 다들 최고라는 다나킬 투어. 돌아서는 K는 아쉬움에 눈물을 흘리는 듯하다. 안타깝다.

천천히 내려가려는데 500m쯤 뒤에서 영국인 커플이 내려오고 있다. "너무 더워 오를수가 없네요." 영국여성의 한탄이다. 함께 어둑해지는 길을 내려와

군인과 운전수들이 쉬고있는 도
둠에 도착한다.

움막 바닥에 매트리스를 깔고
넷이 눕는다. 전기도 없어 엉국
남성이 렌턴을 밝힌다.

그들은 홍콩에서 음악을 가르
치는데 6주간 휴가를 내서 왔단
다. 같은 상황이지만 표정은 우
리와 사뭇 다르다. 포기함조차
즐기는 그들의 모습. '오오 부러
운지고….'

그들의 옆 움막에서 밤을 보
낸다. 달은 밝고 별은 많다. K와
이런 저런 얘기를 나눈다. 그는
미안해하고 아쉬워한다.

어쩔수 없다. 건강이 최우선
이다. 그리고 무엇보다 내몸같

에티오피아의 극한지역 다나킬로 향하는 한 휴게소 풍경.
벗겨진 양의 가죽이 널려있다.

은 귀한 몸이다.

어느새 라오스에서 들고왔던 양초 2개가 모두 꺼진다. 휴대용 렌턴을 잠시
켰다가 끈다. 잠을 청하지만 너무 덥다. 새벽 5시경 무더위를 견디지 못해 매
트리스를 밖으로 끌고나와 1시간 가량을 잔다. 국경 수비대 군인들이 밥을 먹

고 양은 풀을 뜯는다.

다음날 아침. 몸이 찌뿌둥하다. 화산에서 밤을 보내고 내려온 여행객들과 함께 간단히 식사한다. 당찬 20대 한국인 여성이 '뜨끈한' 분화구 사진을 보여준다. 포기하고 싶지 않다. 마침 과일로 배를 채운 K는 컨디션이 좋단다.

가이드와 상의한다. "4일 투어를 6일로 연장하면 비용이 어떻게 될까요." 그는 전날 본인이 유로화 환율을 잘못 계산해 필자에게 이득이 됐다고 한다. 안그래도 환율이 이상하게 유리해 우리끼리만 알고 있었던 사실이다.

가이드는 그 실책에 대해서만 보상해 달란다. 2일 투어 추가비용은 일인당 미화 35달러.

이 투어는 3박 4일 2인 기준, 한국인은 보통 미화 800달러에 한다. 현찰이 있을 경우에는 환차손이 발생하고, 없을 경우에도 ATM수수료 등이 든다. 대략 한화 약 90만원이 넘는 돈이 드는 셈이다. 고로 인당 35달러로 이틀을 연장하는 건 무척 좋은 조건이다.

다른 가이드가 옆에서 말한다. 여행객들은 물론 본인조차 '죽음의 땅' 다나킬에서 6일을 보낸적은 없다고. 기대감 속 다시 잠을 청한다.

2015.7.7.11:51PM(한국시간 기준). 아프리카 에티오피아 아발라의 작은 하숙집에서 작성.

아프리카 시골 마을의 현지식.

드넓은 소금호수.

Ep.045

영원히 보고 싶은 다나킬 활화산

　황량한 사막 어딘가. 일본산 오래된 지프차량이 누런 먼지를 풍기며 달리고 있다. 앞좌석에 달린 온도계가 막 섭씨 47.9도를 찍는다. 창밖에선 흑인 인부들이 도로 공사에 한창이다. 일부는 한쪽에 마련된 녹슨 드럼통에 들어가 몸을 씻는다. 웃을때마다 인부들의 새하얀 치아가 드러난다.

　7월 9일 오후 아프리카 에티오피아 '다나킬 침하지역(Danakil Depression)' 중 달롯으로 향하는 길의 풍경이다.

　달롯은 마치 외계행성처럼 지극히 이질적이고 황량하다. 해수면보다 100m 이상 낮은 이곳은 과거엔 바다였다.

　유황지대 특유의 노랑과 초록이 섞인 괴석들, 짜디짠 소금온천과 소금산 등이 끝없는 지평선을 배경으로 펼쳐졌다. 눈 혹은 얼음처럼 보이는 드넓은 소금호수의 모습도 인상적이다.

외계행성같은 에티오피아 다나킬 디프레션.

유황온천에 잠시 몸을 담그고 나오는데 말라 죽은 새 한마리를 본다. 죽음에도 아랑곳 없이 유황은 계속 부글거리고 밟고선 돌 아래서는 끓는 소리가 들린다. 새는 죽었지만, 지구는 살아있다.

그리고 이 황폐함 속에서도 사람들은 살아간다. 머리가죽도 벗기지 않은채 염소의 가죽을 벗기고 살점을 도려내는 이, 소금을 걷어내는 이, 무언가를 먹는 이, 공사하는 이, 운전하는 이, 자는 이, 쉬는 이, 웃는 이, 우는 이. 그리고 언제나 바빠보이는 아이들.

한방울의 물조차 사치인 이곳에서 나약함과 경외로움을 동시에 느낀다. 나는 해골처럼 말라버렸다.

다음날. 낮최고 기온 50도를 오가는 무더위로 인한 체력적 한계로 장장 6일이 걸린 '죽음의 땅' 다나킬 투어는 분명 필자에게 생애 최고의 순간 중 하나를 선사했다.

7월 10일 밤 9시경 아프리카 에티오피아 북부 다나킬 중 활화산 에르타알레 분화구 앞. 과거엔 바다였던 다나킬은 지구에서 가장 낮고 더운 지역 중 하나다.

에르타알레는 현재 이방인의 발길을 허용하는 전세계 다섯 곳의 활화산 중 가장 가까운곳에서 끓어오르는 분화구를 볼 수 있는 곳이다.

지름이 수백미터에 달하는 분화구 안에선 황금보다 진한 샛노란 마그마가

무더위와 갈증에 새가 죽어있다.

해일을 맞은 바다처럼 출렁인다.

분화구를 덮고 있는 용암을 가른 검붉은 선들은 끙음을 내며 금방이라도 쏟아져나올 기세다. 한때 위대한 화란 화가가 심취했던 동양 판화의 선명함을 몇 배는 뛰어넘는 경이로운 빛과 색이다.

무엇보다 영원히 끝나지 않을 듯 꿈틀거린다. 처음 만난 열과 빛의 춤은 두어시간 아무런 생각도 하지 못하게 시선을 붙잡아둔다. 앞서 영상과 사진을 통해 접했던 분화구의 모습과는 판이하게 다르다. 인간의 기술은 아직 '스스로 그러한' 자연을 따라잡지 못한다.

사실 이날은 필자의 생애 중에서 가장 힘든날 중 하나였다. 출발은 아침 8시 에티오피아 북부의 거점도시 멕켈레였다. 사륜구동 지프차량을 타고 3시간을 달리고 점심을 먹는다. 이어 차량은 도로가 아닌 산길로 들어선다. 바위와 모래위로 쿵쿵거리며 3시간 더 달리면 활화산 지역인 도둠에 당도한다. 이때 일부는 멀미한다.

도둠에서 간단히 휴식을 취하고 저녁 5시 30분 여섯명의 투어 참가자들과 함께 등반을 시작한다. 무더위와 모래바람은 결코 주간 산행을 허용치 않는다.

두어시간을 걸었을까. 일행 중 미국 뉴욕에서 온 거구의 남매가 열심히 따라온다. 어느새 어둠이다. 손전등을 켜고 계속 오른다. 갑자기 여성 뉴요커가 구토를 시작한다. 남성 뉴요커는 가쁜 숨을 몰아쉬면서도 유머를 잃지 않는다.

"평소 운동을 자주 하는데도 이런 힘든 경험은 생애 처음이었어요."

'사표' 쓰고 지구 한 바퀴

돌아오는날 차에서 중얼거린 그들의 말이다.

필자는 부상을 입었다. 며칠전 다나킬 중 달롯에 있는 소금 온천에서 수영을 한 이후 소금기를 흡수한 등산화가 딱딱해져 발뒷굼치가 찢어졌다. 양 뒷굼치에서 피를 흘리고 아픔을 참으며 꾸역꾸역 오른 것이다.

다나킬 디프레션 중 에르타알레 분화구를 바라보는 필자.

그럼에도 불구하고 생전 처음보는 살아있는 지구의 생생한 모습은 아픔조차 잊게 했다.

분화구 옆에서 야영한 다음날 아침. 터프한 사내 헤밍웨이의 소설 제목처럼 해는 또다시 떠오른다. 바람은 분다. 분화구는 끓는다. K의 생일이 막 지난다. 아마도 그는 서른여섯 이번 생일을 평생 추억할 수 있겠지.

생명은 단지 살아있기 때문에 생명이다. 지구도 생명이구나. 그뿐이지만, 바로 그렇기에 모두는 위대하구나. 뜨거워진 가슴으로 생각했다.

'영원히 살고싶다고.'

2015.7.12.3:29PM(한국시간 기준). 아프리카 에티오피아 멕켈레 SETI HOTEL에서 작성.

TIP

➡ 이글거리는 활화산

다나킬 투어는 세계일주 중 가장 인상적인 내용이었다. 체력적으로 굉장히 힘들지만 꼭 한 번 볼 가치가 있다. 이글거리는 활화산의 황금빛 물결은 엄청난 감흥을 선사한다. 유명한 케냐와 탄자니아의 초원 사파리 투어에 버금가는 큰 감동을 받았다.

수도 아디스아바바로
쑤시는 엉덩이·환호성

　3명 좌석에 4명이 낑겨 앉아 16시간을 달렸다. 현지 졸업시즌을 맞아 아프리카 에티오피아 북부의 요충지 멕켈레에서 수도 아디스아바바(Addis Ababa)로 향하는 일주일치 버스티켓이 동났기 때문이다.

　7월 13일 새벽 4시경 어두운 멕켈레의 한 호텔 로비. 전날 예약해 둔 여행사의 픽업을 기다린다. 곧 키가 큰 현지인 한명이 슬그머니 나타난다.

　"픽업차량은요?" "아 제가 픽업입니다." 그는 대답을 마치자마자 K의 짐을 번쩍 둘러메고 밖으로 나선다.

　"오 난생 처음보는 인간형 픽업이군요." 필자의 헛웃음에 그도 따라 웃는다.

　함께 어둑한 새벽길을 10여분을 걷는다. 멀리선 개들이 집단으로 짖고 뒤에선 거지들이 따라붙는다. 곧 다른 호텔 앞에 도착한 우리들은 이런저런 얘기를 나눈다.

어디선가 뒤가 오픈된 다목적 차량이 나타나 우리앞에 선다. 뒤에는 나뭇조각같은 짐이 가득하다.

나무를 치우고 배낭 두개를 싣고 뒷좌석에 올라탄다. 이미 앞좌석과 뒷좌석 한자리씩은 현지인들이 차지했다. 가벼운 인사를 나눈다.

"몇시간이 걸리죠." "10시간쯤 걸릴 겁니다. 버스보다는 훨씬 빠르죠."

일본산 구식 차량이지만, 좌석은 편안하다. 예상 도착시간은 오후 2시겠군. 쉬엄쉬엄 수도까지 가서 K를 위한 피부약을 사고 오랜만에 빨래를 맡기고 한국식당에도 가야겠다고 생각한다.

차량은 어둠을 뚫고 20여분을 달리다가 정차한다. 갑자기 뒷문이 열리더니 한사람이 더 차에 오른다. 오 이런. 뒷좌석은 분명 3인용인데 사람은 4명이다. 게다가 그들, 얄밉게도 건장함의 상징과도 같은 거대한 몸을 지녔다.

자연스레 필자와 K의 몸은 구겨져 한사람분 좌석에 밀착된다. 정은 깊어지고 엉덩이는 저리기 시작한다.

이렇게 운전사까지 여섯을 태운 차량은 구불구불 산길을 쉼없이 달린다. 초원, 호수, 산이 번갈아 나타나는 차창밖 풍경은 기가 막히다. 그런데 엉덩이는 부서질듯하다. 날씨도 변화무쌍. 한시간마다 더웠다 추웠다가 반복된다.

시간은 하염없이 흐른다. 엉덩이는 감각을 잃었다. 건장한 사내들은 친절하다. 직접 뜯어온 풀잎을 질겅질겅 씹다가 우리도 먹어보라고 건낸다. 상상했던 풀맛, 바로 그맛이 난다.

차량은 중간중간 작은 마을마다 정차해 정체모를 물건들을 싣는다. 대학기숙사에선 갑자기 억세게 비가 내리는 와중에도 작은냉장고까지 싣는다. 기숙사 물건을 실은 시간이 이미 저녁 6시경. 궂은 날씨에 해도 벌써 숨었다.

결국 오후 2시경 아디스아바바 도착이 예상됐던 차량은 무려 16시간이 지난 밤 8시에 수도에 닿는다.

기사가 미안했는지 숙소 이름을 묻는다. 답하고 함께 찾아 헤맨다. 그런데 차안에서 스마트폰으로 GPS를 작동하려는 순간, 건장한 사내가 말한다. 차안에서도 밤에는 모바일기기를 꺼내지 말라고. 그리고 절대로 밤엔 숙소 밖으로 나서지 말라고.

창밖에는 나이트클럽 불빛이 보이고 굉음이 들린다. 셀수없이 많은 검은사람들이 돌아다니고 있다. 일부는 취했고 일부는 싸운다.

그들과 함께 한시간을 헤매다 목적했던 숙소를 찾아낸다. 이곳 방식대로 서로의 어깨를 부딪히며 작별인사를 나누고 방을 잡는다. 지친몸을 뉘여야 하는데 방은 너무 허름하다. 그렇지만 다른 호텔로 걸어나서기는 두렵다. 눅눅한 침대에 얼얼한 엉덩이를 붙이고 억지로 잠을 청한다.

어느새 아침이다. '역시 밝으니 다닐만 하군.' 숙소를 옮기고 한국식당으로 향한다. 육개장과 불고기를 시킨다. 두달만에 먹는 한식이다. 허겁지겁, 필설할 수 없는 감동이 온몸을 휘감는다. 엉덩이도 제상태를 찾는다.

다음날. 호텔을 포함한 인근지역의 전기가 끊긴 시간은 아침 7시였다. 집나간 전기는 밤 10가 되어서야 돌아왔다.

7월 15일 아프리카 에티오피아의 수도 아디스아바바 여행자거리의 아침. 눈을 뜨자마자 샤워하는 중 온수기 전원과 화장실 전등이 동시에 꺼진다. 서둘러 몸을 닦고 나온다. 가끔있는 정전이다. '곧 전기가 들어오겠지.'

흐린날이라 방은 어둑하다. 겸사겸사 K와 치약을 구입하기 위한 길을 나선다. 구경삼아 시내를 두어시간 걷는다.

거리엔 극장과 커피가게가 많다. 어떤 커피가게는 75년째 영업하고 있다. 한가한 풍경. 반가운 음반가게도 보인다. '여기에도 비틀즈와 엘비스 프레슬리는 있구나.' 그런데 정작 잡화점이 보이지 않는다. 그간 거쳐왔던 도시들에선 그렇지 않았었는데. 이곳 저곳을 기웃거리다가 약사 10여명과 20여명의 손님들이 뒤섞인 약국으로 들어선다.

"치약 있나요." "네." 그런데 갑자기 약사가 처방전을 써준다. "저기 죄송한데 지금 쓰시는게 '치약' 맞나요." "네." 약사의 말은 단정하다.

처방전을 들고 극장 매표소 같은 곳으로 이동해 줄을 선다. 그곳에 처방전과 돈을 내고 받은 영수증을 다시 약사에게 전달하니 치약이 손에 들어온다.

다시 한번 말하지만 우리는 달랑 치약하나 사려했을 뿐이다.

숙소로 돌아오는 길, 전날 점찍어둔 햄버거 가게로 들어가 가장 비싼 것을 두개 주문한다. 10여분 후 나온 햄버거는 한국의 그것보다 두배는 크다.

야채는 상추 한장인데 고기 두개, 햄 두개, 달걀 두개, 치즈 두개가 차곡차곡 쌓여있다. 보기만해도 배가 찢어지는 듯하다. 감사히 먹는다.

부른 배를 두드리며 가게를 나와 다시 하닐없이 거닌다. 작은 가게로 들어

아디스아바바 커피숍의 모습.

가 커피를 한잔 시킨다. 팝콘이 함께 나온다. 여행 중 처음 먹는 팝콘을 상상도 못한 곳에서 만난다.

다시 나와 길을 걷는다. 오후 2시경 한 두 방울 비가 내리기 시작한다. 서둘러 호텔로 돌아와 일층 바에서 맥주를 한병 마시고 방으로 돌아온다. 이직도 어둑하다. 그 상태로 드러누워 K와 수다를 떤다. 수다가 끝나자 스마트폰을 이용한 보드게임을 한다. 5시 그리고 6시. 어느새 스마트폰 전원도 꺼진다. 시간은 계속 흐른다. 리셉션에서 초 두개를 받아와 방을 밝힌다.

다음 목적지인 케냐로 향하는 비행기는 다음날 아침 10시에 이륙한다. 최근 국경에서 납치사건이 빈번하다고 들어서 오랜만에 비행기를 타기로 한 터다. 전날 길에서 만난 흥겨운 택시기사에게 픽업도 부탁해뒀다.

그래 이런 날도 있는게지, 오늘은 일찍 자자. 필자가 말하자마자 거짓말처럼 전등이 켜진다.

그순간 우와와! 와아아! 와아아악! 동네 전체가 환호성으로 가득찬다. 월드컵 4강 진출을 방불케 하는 주민들의 기쁨이 고스란히 전해진다.

어느새 거세진 빗줄기가 장단을 맞춘다.

2015.7.16.06:47AM(한국시간 기준)
아프리카 에티오피아 아디스아바바 WUTMA호텔에서 작성.

'사표' 쓰고 지구 한 바퀴

케냐로 향하는 험난한 길
탑승거부를 당하다

"규정상 케냐 거주인이 아니라면 편도항공권만으로는 케냐행 항공기에 탑승할 수 없습니다."

'올 것이 왔구나.' 공항에서 편도항공권을 통한 출국을 거부당해 다급한 2시간을 보냈다. 7월 16일 아침 7시 30분 아프리카 에티오피아 아디스아바바 볼레 국제공항(Bole International Airport). 케냐의 수도 나이로비 행 에티오피아에어라인 항공기 체크인 수속 중 아리따운 여직원이 규정상 편도항공권을 통한 출국이 불가능하다고 필자에게 경고한다.

이는 저렴한 편도항공권을 계속 구입하면서 세계를 누비는 저가항공권 세계일주의 단점이다.

영국 등 유럽 일부국가와 미국에선 불법체류를 막기 위해 입국항공권과 함께 출국항공권 소지 여부를 확인한다는 사실을 알았지만 아프리카에서 일이

터질줄은 몰랐다.

여직원은 이어 2시간 정도 남은 오전 9시30분까지 케냐에서 다른 나라로 이동할 항공권을 구해와야지만 비행기에 탈 수 있다고 덧붙인다. 당황했지만 규정상 그런 것이라 어쩔 수 없다.

급히 케냐에서 빠져나오는 온라인 편도항공권을 예매하기 위해 스마트폰을 켜고 와이파이가 잡히는 장소를 찾는다. 몇 십분간 공항 이곳 저곳을 돌아다니다가 특정 지점에서 와이파이를 찾아낸다. 그러나 비밀번호를 모른다. 공항 직원들에게 물으니 출입국사무소를 통과한 후에야 와이파이를 사용할 수 있는 카페가 있단다. 큰일이다.

택시를 타고 시내로 나가 와이파이를 사용하고 돌아오기엔 출근시간 교통체증이 걱정이다. 어쩔 수 없이 공항 내 에티오피아에어라인 항공권 판매처를 찾는다.

"가장 저렴하고 바로 환불이 가능한 케냐출국 항공권을 발권해주시기 바랍니다." 판매처 직원이 찾아준 티켓은 케냐에서 에티오피아로 다시 들어오는 편도항공권이다.

그는 이어 케냐 나이로비에 도착해서 에티오피아에어라인 사무소를 찾으면 약 60%를 바로 환불받을 수 있다고 설명한다. 울며 겨자먹기로 에티오피아로 돌아오는 편도항공권을 현찰로 구입하고 여직원에게 확인받는다. 여직원은 이리 저리 오가게 해서 미안하단다. 에티오피아 여인들은 대부분 아름답지만, 이 직원은 착하기까지 하다. 본인이 해야할 일을 한 것 뿐인데 미안하다니.

출입국 수속을 마치고 케냐 나이로비행 항공기에 몸을 싣는다. 이내 작은 비

'사표' 쓰고 지구 한 바퀴

행기는 힘차게 창공을 가른다. 아침 내내 우울했던 하늘도 점점 화창해진다.

약 3시간 후 나이로비에 도착한다. 끝없이 펼쳐진 대지가 너르다.

안전을 위해 공항택시를 타고 시내중심가를 거쳐 미리 봐둔 숙소로 이동한다. 방을 잡고 짐을 풀자마자 에티오피아에어라인 사무소를 향해 30여분을 걷는다. 나이로비는 아프리카임을 의심케 하는 대도시다. 내주 금요일 역사상 첫 미국대통령(버락 오바마)의 방문으로 도시 곳곳의 경계가 삼엄하다.

GPS를 켜보지만, 목적지 주소가 나오지 않아 앞서 택시기사가 대충 손가락으로 알려준 곳을 감으로 찾아낸다.

케냐 마사이마라 사파리 투어를 위해 머문 나이로비 시내 숙소 모습.

사무실에 들어가 환불을 요구하니 여직원이 "유로화로 결제했기 때문에 환불이 불가능합니다. 구입처로 돌아가서 환불하세요"라고 잘라 말한다.

청천벽력. 구입처인 아디스아바바 공항으로 돌아가려면 해당 항공권을 사용해야하는데 환불은 어불성설이다.

"아디스아바바 공항에서 당신네 직원이 분명히 즉각 환불이 된다고 했다. 돌아가는 항공권을 사용하면 모든게 끝인데 돌아가서 환불하라는게 말이나 되느냐." 격하게 따진다.

한 시간 실랑이 끝 직원은 "일단 아디스아바바행 편도항공권 탑승을 취소 했으니 향후 1년간은 결제한 금액이 유효하다. 원한다면 다른 노선도 이용할 수 있을 것"이라며 증명서를 내준다. 이어 본사 이메일 주소를 알려주고 그곳에다 상세히 따지라고 한다.

"아무튼 환불이 안됐으니 며칠 후 다시 봅시다." 말하고 일단 나온다.

숙소로 돌아와 본사에 티켓 번호와 상황을 적어 이메일을 보낸다. 당황부터 분노까지 하루새 감정이 롤러코스터처럼 출렁인다.

3일 후. 이메일 수신은 됐는데 여전히 묵묵부답이다. 19~21일 마사이마라 공원 사파리 투어 후 다시 사무실을 찾아가 따지기로 작정한다.

이메일 수신 확인 후 묵고 있는 롯지 옥상으로 올라가니 남몰래 풀이 자라나 있다. 녹슨 드럼통안 쓰레기 더미속에서.

2015.7.19.03:33AM(한국시간 기준)
아프리카 케냐 나이로비 NEW KENYA LODGE에서 작성.

'사표' 쓰고 지구 한 바퀴

잊지못할 마사이마라 사파리

사파리 차량들에 둘러쌓인 치타 두마리가 몸을 쭉 펴더니 얼룩말과 소가 풀을 뜯고 있는 곳으로 슬금슬금 걷기 시작한다. 바로 옆 가지가 풍성한 나무 꼭대기에선 대머리 독수리 한마리가 그 모습을 지켜보고 있다.

200여미터 앞에 무리지어있던 소와 얼룩말 중 몇마리가 본능적으로 위험을 감지했는지 미친듯이 달리기 시작한다. 이어 모든 동물들이 도망치기 바쁘다. 덩치가 작은 치타 2마리가 100여마리의 짐승들을 쫓는 모습이 장관을 이룬다. 초식동물들은 열심히 달리지만 치타는 훨씬 날쌔다. 치타 한마리가 소의 다리를 물고 늘어지고 동시에 다른 한마리는 목덜미를 감아문다. 순식간의 일이다.

소는 곧 쓰러지고 치타는 심장이 펄떡이는 고기를 먹는다. 주변이 피로 물든다.

갑자기 무슨생각을 했을까. 입주변이 피투성이가 된 치타가 사진촬영에 여념이 없는 사파리 차량들을 휙 둘러본다. 지배자다운 카리스마가 주변을 압도하며 정적이 감돈다.

7월 21일 케냐 마사이마라 대초원(Masai Mara National Reserve)의 풍경. 황금빛 사바나 초원에서 치타의 빠른 발을 직접 눈으로 확인한 운좋은 관광객들이 술렁거리며 카메라 셔터를 눌러대기 바빴다.

매년 7월 중순부터 소를 비롯한 많은 동물들이 더 나은 기후를 찾아 탄자니아 세렝게티(Serengeti National Park)에서 강을 건너 케냐 마사이마라로 집단 이동한다. 과거 케냐를 지배했던 제국주의 영국이 주욱 선을 그었을뿐, 세렝게티와 마사이마라는 사실 하나의 사바나 대초원이다. 이곳에는 이른바 '빅파이브'라고 불리는 코끼리, 기린, 코뿔소, 표범, 사자 이외에도 수많은 동물들이 자유롭게 살고 있다. 먹을게 풍부하고 기후가 따스해 모든 동물들이 토실토실하다. '하쿠나 마타타(걱정하지말라는 아프리카어)'를 절로 떠올리게 하는 평화로운 풍경이다.

'게임드라이브'라고 불리는 사파리 투어는 지붕이 없는 차량에 2~6명이 탑승해 2~3일간 초원 이곳저곳을 둘러보는 내용이다. 잠은 화장실과 샤워시설까지 완비된 대형텐트에서 잔다.

사파리 중에는 코끼리와 기린, 얼룩말 등 초식동물은 물론 사자나 표범, 치타 등 맹수까지 차량 바로 옆으로 스쳐 지나간다. 그러나 차량에는 별다른 안전장치가 없다.

공원입구에는 '이곳의 동물들은 때론 극히 위험하다. 국가와 공원에선 관람객의 사망과 부상에 대한 책임을 지지 않는다. 지정된 장소가 아니면 차량에서

'사표' 쓰고 지구 한 바퀴

케냐 마사이마라 초원. 치타가 들소를 잡아먹고 있다.

치타 2마리가 초원을 거닐고 있다.

초원의 사자.

나오지 말라'고 적혀있다.

　다음날 이른 아침. 그림같은 일출을 배경으로 휴식을 취하는 사자들을 단독으로 만난다. 그들은 저들끼리 초원위에서 뛰놀고 사랑을 나눈다. 그러나 그 모습을 바라보는 초식동물들은 완전히 굳어있다.

　세렝게티와의 경계 인근 마라강에는 수백마리의 검은 소들이 강을 건너기 위해 때를 살피고 있다. 강건너에는 길이가 무려 6미터에 달하는 대형 악어가 몸을 감추고 그들을 기다리고 있다. 강물 속에선 보기보다 사납다는 하마 수십마리가 거닐고 있다.

　자연의 법칙은 단순하다. 그래 약육강식일 뿐이다. 그러나 개개의 생명이 아닌 종을 바라보면 모든것이 조화롭다. 살을 찌워 맘껏 살다가 무언가의 자양분으로 변한다. 그리고 번식을 이어간다.

　이곳에서 오직 카메라를 둘러멘 인간만이 이질감을 느끼게 한다. 그리고 무엇보다 인간은 생명을 종말시킬 수 있을 만큼의 거대한 잔인함을 가지고 있다.

　　　　2015.7.22.10:22(한국시간 기준). 아프리카 케냐 NEW KENYA LODGE에서 작성.

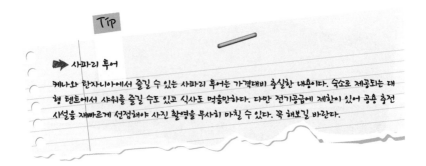

▶ 사파리 후어

케냐와 탄자니아에서 즐길 수 있는 사파리 후어는 가격대비 충실한 내용이다. 숙소로 제공되는 대형 텐트에서 샤워를 즐길 수도 있고 식사도 먹을만하다. 다만 전기공급에 제한이 있어 공용 충전 시설을 재빠르게 선점해야 사진 촬영을 무사히 마칠 수 있다. 꼭 해보길 바란다.

　　　　　　　　　　　'사표' 쓰고 지구 한 바퀴

가거라 상념아 황금빛 날개를 타고…
유럽으로

케냐맥주 투스커.

아프리카에서의 마지막 날. 뜻하지 않은 호사를 누렸다. 모든게 미국 대통령
버락 오바마(Barack Obama, 1961~) 덕분(?)이었다.

7월 23일 아침 7시경. 전날밤 아프리카 케냐의 수도 나이로비에서 출발해
항구도시 몸바사에 도착한 호화로운 밤샘버스서 내렸다. 시내 한가운데엔 매
연이 가득했다.

이곳에선 드문 동양인을 목격한 검은 얼굴의 호객꾼들이 슬슬 들러붙었다.
그중 눈빛이 맑은 젊은이와 짧은 대화를 나눴다.

"오바마?" "예쓰, 오바마!"

"하하하하하하!"

사실 나이로비 공항에서 다음 여정지인 유럽으로 향하려고 했었지만 공교롭
게도 같은날 버락 오바마가 미국 대통령 중 최초로 케냐에 방문한다고 했다.

나라 전체가 흑인 대통령의 방문에 들떠있었다.

오바마가 입국하는 나이로비 공항이 무척 혼잡할듯해 제2의 도시 몸바사 출국을 택했던 터다. 단지 오바마란 단어 하나로 우리와 하나가 된 호객꾼의 툭툭(오토바이를 개조한 현지 택시)에 몸을 싣고 30여분을 달렸다.

아무말없이 그가 내려준 밤부리 해변가 리조트에 내렸다. 끝없는 인도양이 푸르르다. 하늘은 바다 가까이서 널려있다. 기대 이상이었다.

딱 봐도 숙박비가 무척 비싸보였지만, 리셉션에 문의하니 일인당 한화 1만 7000원 정도. 아프리카의 저렴한 물가를 다시 한 번 실감한다. 시설과 풍광은 훌륭하다.

짐을 풀고 샤워한 후 1층 해변에 있는 식당으로 내려가 웃통을 벗고 반바지 차림으로 바다로 뛰어들었다. 이집트 이후 오랜만에 하는 수영. 수온이 따스하고 해류가 잔잔했다. 저 멀리서 파도가 쳤다.

비수기라서 그랬을까. 아니면 그저 날씨가 좋았던 이유일까. 인도양에 둥둥 떠 하늘을 바라보니 해양스포츠로 유명한 이집트 다합보다 훨씬 낫다고 느껴졌다.

다사다난했던 아프리카에서의 마지막날은 이처럼 행복했다.

다음 행선지는 이탈리아 로마다. 필자에겐 음악가 베르디와 화가 카라바조의 나라다.

그리고 천지창조와 최후의 심판이 있는 곳이다. 라파엘로, 미켈란젤로, 레오나르도 다빈치, 베르니니, 로시니, 푸치니, 토

'사표' 쓰고 지구 한 바퀴

스카니니, 질리 등 훌륭한 미술가와 음악가가 많은 나라다. 글을 적다보니 지휘자 게오르그 솔티 경(Sir Georg Solti, 1912~1997)이 수십년전 녹음한 베르디의 진혼곡 음반이 떠올랐다. 레코드재킷에 최후의 심판이 인쇄된 손때 묻은 앨범이다.

케냐 나이로비에서 몸바사로 향한 고급버스. 승무원이 있고 영화가 나온다.

상념이 이어졌다. 이탈리아의 자랑이자 위대한 음악가 베르디는 겸손했다. 아니, 베르디는 단지 위대하다는 말로는 표현키 어려운 천상의 선율을 인류에게 선사했다. 그럼에도 불구하고 그는 평생 본인을 농부라고 칭했다.

어쩌면 베르디보다 조금 더 나은 작곡가일듯한 노력가 베토벤과 천재 모차르트조차도 농부는 아니었다.

20세기 최고의 지휘자 아르투르 토스카니니(Arturo Toscanini, 1867~1957)는 그런 베르디를 평생 존경하고 따랐다. 토스카니니는 베르디가 작고한날 국민 앞에서 망자가 남기고간 진혼곡을 지휘했다.

그저 한 농부의 죽음, 그리고 농부의 선율에 이탈리아는 울음바다가 됐다. 유투브를 열어 음악을 들었다.

베르디 오페라 나부코 중 '히브리 노예들의 합창-가거라 상념아 황금빛 날

케냐 제 2의 도시 몸바사 해변. 평화롭다.

몸바사 해변. 낙타가 진풍경을 이룬다.

개를 타고'다. 자유를 부르짖는
이 아름다운 음악은 현재 이탈
리아의 비공식 애국가다.
베르디의 후배이자 역시
이름있는 오페라 작곡가였던 푸치니조차
결코 도달할 수 없었던, 한 농부의 진심이다.
2015.7.23.3:31AM(한국시간 기준). 아프리카 몸바이 밤부리 비치 호텔서 작성.

'사표' 쓰고 지구 한 바퀴

Ep. 050

7월의 크리스마스
이탈리아 로마

여름밤에 성탄절을 느꼈다.

7월 25일 밤 8시경 이탈리아 로마의 명소 콜로세움(Colosseum)에서 남쪽으로 1킬로미터 떨어진 곳에서다. 거대한 붉은색 돌들이 드넓은 공원 위 여기저기에 솟아있다. 과거 로마제국의 야외 목욕탕으로 사용됐던 장소라고 한다.

드레스와 정장을 정성스럽게 차려입은 현지인들이 모여든다. 필자와 같은 반바지 차림의 관광객도 드물게 보인다. 이들은 지아코모 푸치니(Giacomo Puccini, 1858~1924)의 오페라 『라보엠(La boheme)』 야외공연에 참석하는 사람들이다. 이 오페라는 크리스마스 이브, 가난한 예술가들의 방이 배경이다.

앞서 이날 아침부터 오후 8시 까지는 상당히 힘들었다. 세계일주 후 처음으로 아이패드에 저장해온 가이드북의 이른바 '일일 관광코스'를 고스란히 따라 주요 명소들을 도보로 둘러본 터다.

이탈리아의 수도 로마 시내 전경.　　　　　　　　　　　　로마의 상징 콜로세움.

　　콜로세움, 포노 로마노 등의 관광지는 상상을 조금은 뛰어넘은 거대함으로 필자를 압도하며 로마제국의 영광을 확인케 했다.

　　그러나 이날은 섭씨 30도를 훌쩍 넘는 무더운 여름이었다. 도저히 가이드북을 따라가긴 힘든 '저질체력'을 몸소 확인하고 다시는 이를 참조하지 않기로 결심하기도 했다.

　　가쁜 숨을 몰아쉬며 걸어서 공연장소에 도착했다. 매년 7~8월 로마에선 국립 오페라단 주관으로 야외 음악회가 열린다. 주로 발레와 오페라 위주다. 영국의 옛 록밴드 핑크플로이드의 음악을 주제로 한 흥미로운 발레도 열렸다.

　　8시가 되자 바람이 선선해졌다. 차를 한잔 마시고 예약해둔 좌석에 앉았다. 로마의 진짜 밤은 늦게 시작된다. 9시인데도 꽤 밝다. 실제 새벽까지도 카페와 바 등 많은 가게들이 영업을 이어간다.

　　시간이 흘러 해가 막 지려하자 웅장한 브라스가 울리며 음악이 시작됐다. 라보엠은 이탈리아의 근대 작곡가 푸치니의 대표작 중 하나다. 라보엠은 보헤미안의 프랑스어 발음이다. 실제 이 오페라의 원작은 프랑스의 뮈르제가 쓴 '보

'사표' 쓰고 지구 한 바퀴

헤미안의 생활정경'이라는 소설이라고 한다.

시인 루돌포와 소박한 여인 미미는 서로 사랑하지만, 미미의 죽음으로 결국 결실을 맺지 못한다. 한마디로 통속 비극이다. 요즘으로 치자면 순애보를 담은 인기 영화랄까.

야외음악회 특성상 음향에 대한 기대는 접고 무대를 즐기려 했다. 그러나 연주가 시작되자 그런 생각이 싹 사라졌다. 피곤한만큼 귀가 더 예민해졌기 때문이었을까. 무대는 훌륭했다. 네덜란드 태생이자 파리에서 활동한 화가 빈센트 반 고흐(Vincent van Gogh, 1853~1890)의 파리시절 작품들을 무대 뒷편 돌기둥과 몇개의 스크린에 동시에 쏘아보내 당대의 파리 분위기를 살려냈다.

두어시간이 금새 지났다. 미미가 병으로 숨을 거두는 마지막 장면에선 눈물까지 흘렸다. 라보엠을 보며 울다니, 상상조차 해본일이 없었다.

버스를 타고 밤 12시가 넘어서야 숙소에 도착했다. 한여름밤의 깊은 꿈에 빠졌다.

2015.7.26.06:01AM(한국시간 기준). 이탈리아 로마 안젤라 게스트하우스에서 작성.

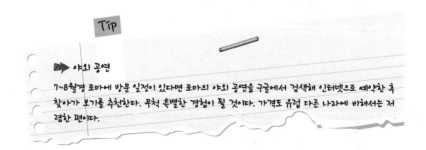

Tip

➡➡ 야외 공연
7~8월경 로마에 방문 일정이 있다면 로마의 야외 공연을 구글에서 검색해 인터넷으로 예약한 혹 찾아가 보기를 추천한다. 무척 특별한 경험이 될 것이다. 가격도 유럽 다른 나라에 비해서는 저 렴한 편이다.

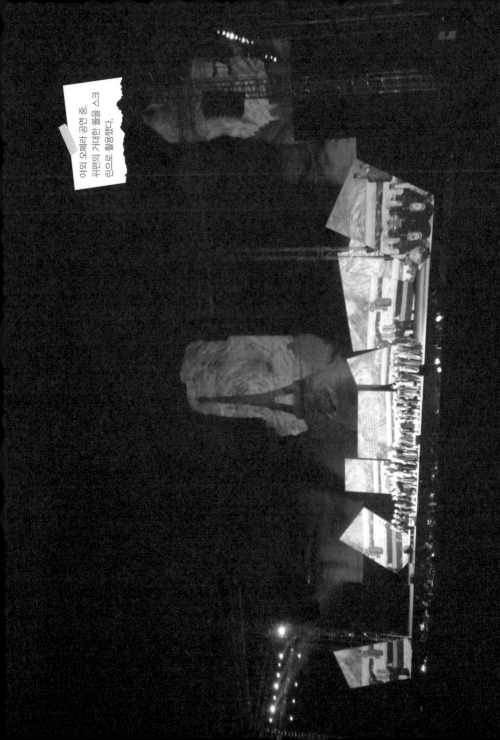

야외 오페라 공연 중.
귀엽이 거대한 돌을 스크
린으로 활용했다.

천지창조, 플로렌스의 추억

"과연 저것이 조각일까, 아니면 그림일까?"

7월 26일 오전 이탈리아 로마 바티칸시국 시스티나 대성당(Sistine Chapel) 내부. 세계최대 벽화인 미켈란젤로의 『천지창조』 실물을 보고 압도적인 감동에 젖는다. 선악과를 따먹고 에덴동산에서 추방되는 아담과 이브 바로 아래 그림틀을 받치고 있는 인물의 발이 당장이라도 그림 밖으로 나와 머리위로 떨어질 듯하다.

그 인물이 앉아있는 기둥이 조각인지 그림인지 도저히 알 수 없어 두어 시간 넋을 놓고 바라본다. 빨려든다.

천지창조와 최후의 심판을 보고 나와 복도를 걷는데 진열된 가구가 그림인지 실제인지 구분이 가지 않아 K와 함께 직접 손으로 확인해본다.

더 오래 머무르며 계속 저 작품을 보고 싶다고 생각했다. '인간은 실로 위대

이탈리아 피렌체의 상징 두오모성당.

할 수도 있는 존재로구나.' 생각했다.

바티칸 시국을 나서 발길이 닿는대로 로마 시내 곳곳을 둘러봤다. 가이드북에는 나오지도 않는 시내 곳곳에 널린 조그마한 성당에 들어서도 감탄이 절로 나오는 그림과 조각들이 지천이었다.

하루종일 걷다가 공사중인 트레비분수를 지나 '모든 신들의 신전' 판테온에 다다르니 어느새 해가 졌다.

어디선가 익숙한 노래소리가 들려왔다. 판테온 바로 앞에서 한 청년이 기타에 앰프를 연결해 노래하고 있다. 존레넌의 『Imagine』, 씨씨알의 『Have you ever seen the rain』 등 좋아하는 곡들이었다. 구경하던 사람들도 그의 소리에 홀렸는지 따라 부르기 시작했다.

하루종일 걸어다니느라 퉁퉁 부은 발의 피로가 싹 풀렸다.

다음날 오전. K가 꼭 가보고 싶었다는 르네상스 중심도시 피렌체(플로렌스)행 기차에 몸을 실었다. 4시간 후 플로렌스 산타마리아 노벨라역에 도착하자마자 강건너 미켈란젤로 언덕에 올랐다. 해질무렵의 두오모 성당과 베키오 다리를

'사표' 쓰고 지구 한 바퀴

바라봤다. 어딘가 평평한 느낌의 작은 도시다. 가까이선 강이 흐르고 저멀리 산이 보였다. 시간이 흐를수록 자연이 오래된 건물 하나하나에 색을 입히니 분위기가 살아났다.

그리고 몇달 전 라오스 방비엥 이후 가장 많은 한국인들을 만났다. 왜일까.

그 다음날 아침. 두오모 성당 인근 종탑에 걸어 오르는 중 이집트에서 만났었던 부부 세계일주가들과 우연히 재회했다. 그들은 필자와 K에게 소중한 여행정보를 전해줬던 이들이다. 우리는 가끔 그들의 안부를 궁금해했던 터라 무척 반가웠다.

이탈리아 로마 판테온 앞에서 노래하는 청년.

이탈리아 바티칸시국 시스티나 대성당 벽에 그려진 미켈란
젤로의 천지창조.

반가움에 종탑에 함께 올라 도시 전경을 보고 내려와 함께 커피를 마셨다. 이런저런 여행 얘기를 나누던 중 신부가 두오모에는 꼭 올라가 봐야겠다고 말했다. 일본 소설 『냉정과 열정사이』를 좋아한다면서. 그러고 보니 K도 그런말을 했었다.

플로렌스는 야릇한 향수에 젖게 만드는 도시인가 보다. 19세기말 러시아의 근대 작곡가 차이코프스키(Tchaikousky, 1840~1893)는 『플로렌스의 추억』이라는 현악 6중주 명곡을 남겼다. 그가 1890년 요양을 위해 이 도시에 머물렀던 동안 특유의 분위기에 영감을 받았기 때문이리라. 이곡은 힘차면서도 아름다워 가끔 대규모 관현악단이 연주키도 한다.

2악장의 애절한 차이코프스키 특유의 선율과 곡명에서부터 그리움이 한껏 묻어난다.

이곳을 찾는 많은 동포들 역시 문학적 추억을, 그리고 가슴이 뜨거웠던 지나간 시절을 그리워하는건 아닐까. 결코 돌아갈수 없다는 사실을 알고 있기에 한숨지으며 돌아서고 있는건 아닐까.

2015.7.28.12:21PM(한국시간 기준) 로마 이탈리아 마이에미 게스트하우스에서 작성.

'사표' 쓰고 지구 한 바퀴

경제위기는 누구얘기?
그리스인 조르바

활주로를 따라 늘어선 새파란 바다. 하얗고 작은 청사는 공항이라기보다는
시골마을의 버스터미널을 연상케 한다. 공항 안엔 직원조차 거의 없다.

7월 29일 아침 10경 도착한 그리스의 작은섬 산토리니 국
제공항(Santorini Airport)의 첫인상이다. 이탈리아 로마에서
저가항공기를 타고 3시간만에 당도한 산토리니는 온화
한 햇살로 가득했다.

바람이 적고 습하지 않아 그저 따스했다. 휴식을
위한 선택이 틀리지 않았음을 직감했다.

숙소로 이동해 짐을 풀고 동네를 돌아

그리스 산토리니 섬의 '꼬마 조르바'와 낮잠자는 강아지.

아름다운 그리스 산토리니 섬과 관광객들.

봤다. 사진과 광고 등을 통해 잘 알려진 중심
지 피라(Fira)로부터 걸어서 20분 정도 거리에
위치한 작은 마을이다.

사람이 거의 보이지 않고 바람도 불지 않았다. 동네
할머니 할아버지들만 반갑게 인사를 건넸다. 돌아가지 않는 작은 풍차가 귀여
웠다. 작은 상점에서 과일과 와인을 구입해 숙소 냉장고를 가득 채웠다. 마음
이 편해졌다.

다음날 4륜구동 미니카를 한대 렌트해 피라로 향했다. 차량으론 불과 5분거

'사표' 쓰고 지구 한 바퀴

리다. 피라는 전형적인 관광지였다. 넘쳐나는 관광객과 기념품가게, 그리고 식당과 주점이 널려있었다. 그래도 바다를 배경으로 늘어선 하얗고 파란집들은 왜 이곳이 '지중해의 보석'이라고 불리는지 깨닫게 했다. 전망좋은 카페에 앉아 K에게 물었다.

"만약 100년전에 이곳에 왔었다면 어땠을까?"

"무척 고독했을것 같아요." K의 답이다.

어디선가 산투리(그리스식 고대 기타)를 통한『조르바의 춤』선율이 들려왔다. 인생의 의미에 대해 생각케 하는 소설『그리스인 조르바』를 원작으로 한 헐리우드 전성기 영화에 삽입된 음악이다.

소설과 영화 속 조르바는 그저 낙천적으로 행복한 사내다. 현재 그리스에 닥친 경제위기 따윈 그의 행복에 눈꼽만큼의 영향도 미치지 못했을 것이다. 어쩌면 각박한 세상속 그런 '조르바들'의 태도가 경제위기의 원인 중 하나였을 수도 있겠지만. 이런들 저런들 어떠하랴.

바다를 바라보며 옛생각에 젖었다. 멀리서 강아지 한마리가 기지개를 켠채 잠들었다.

2015.7.31.09:09PM(한국시간 기준) 그리스 산토리니 Villa Magarita에서 작성.

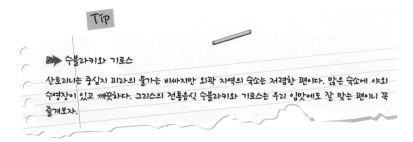

TIP

▶ 수블라키와 기로스

산토리니는 중심지 피라의 물가는 비싸지만 외곽 지역의 숙소는 저렴한 편이다. 많은 숙소에 야외 수영장이 있고 깨끗하다. 그리스의 전통음식 수블라키와 기로스는 우리 입맛에도 잘 맞는 편이니 꼭 즐겨보자.

세계일주 3대법칙, 병원을 찾다

어디선가 들었던 세계일주 삼대법칙.

1. 아프면 병원가라.

2. 배고프기전에 먹어라.

3. 춥기전에 입어라.

지난 150일의 세계일주 여정 내내 가슴에 새기고 다닌 말이다. 당연하지만, 그 무엇보다도 중요한건 건강이라는 의미다.

각설하고 그리스에서 필자의 왼발 등이 좀 부었었다. 익숙한 통증인 뼈의 이상은 아니었다. 에티오피아 다나킬 투어 중 입었던 상처가 아물지 않아서 염증이 번진 것이었을까. 아니면 모기 등을 통해 무언가에 감염된 것이었을까.

에티오피아와 케냐는 물론 이탈리아에서도 몰랐었는데 휴양지인 그리스 산토리니섬에 와보니 붓기가 확 느껴졌다. 통증은 거의 없었지만 눈으로 부은 발

등이 보였다.

아무튼 절반의 여정을 마치자마자 신체가 이상신호를 보냈다. 답해야할 책임이 있었다.

7월 30일 오후 주민들에게 수소문해 병원 주소를 찾아봤다. 작은 섬이지만 전세계 여행자들이 모이는 곳인지라 다행히도 중심마을 피라 한복판에 꽤 큰 병원이 있었다.

운영시간은 오전 9시부터 오후 2시까지만, 몇몇 의사들이 교대로 사실상 24시간을 운영한다고 들었다. 진료실로 들어서니 대부분 수영복 차림인 다양한 국적의 환자들이 저마다의 고통을 호소하고 있었다.

구토하는 자, 따뜻한 날씨에도 불구하고 추위를 호소하는 자, 썬번(살이 심하게 탐)의 고통을 호소하는 자, 팔이 부러진 자 등.

30대 초반으로 보이는 남성 의사가 필자에게 다가와 증상을 물었다. 그에게 부은 왼발을 보여주고 그간의 행적을 일러줬다. 의사는 육안상 알러지가 아니면 감염으로 보인다고 했다.

그는 원래 필자가 가진 알러지 반응 여부와 복용하고 있는 약이 있는지 등 이것 저것을 물은 후 주사기를 들고 왔다. 피를 조금 뽑아 검사해 보겠다며.

채혈을 마친 그는 항생제를 포함한 4가지 약의 처방전을 써줬다. 인근 약국에서 약을 구입해 복용한 후 내일 다시 오라고 했다.

긴장 속 든든히 저녁을 먹고 약을 복용한 후 잠을 청했다. '증상이 심해지면 한국으로 잠시만이라도 귀국해야겠지.' 멀지않은 영국에서 의사일을 하고 있는 사촌동생의 얼굴도 떠올랐다.

아무튼 아프다는 건 고독해진다는 뜻이다. 여행중엔 더더욱 그렇다.

다음날 아침이 되자 다행히도 붓기가 조금 줄었다. 병원에 다시 가니 의사가 그래프와 수치가 적힌 검사결과를 건네줬다. 일단 혈액은 정상이니 긴장하지 말고 육안상으로도 상태가 호전됐다고 말했다. 약을 꾸준히 복용하고 혹시 문제가 발생하면 다시 오라고 했다.

병원문을 나서는데 적지 않은 환자들이 들어서고 있었다. 모두 괴로운 얼굴이었다. 고독감이 다소 희석됐다.

2015.8.1.07:38PM(한국시간 기준) 그리스 산토리니 Villa Magarita에서 작성.

Tip

➤➤ 진료와 처방은 무료

그리스 산토리니에는 최근 몇 년 전까지만 해도 병원이 없었던 듯했다. 구글링 결과 2014년에 이에 대한 현지 언론들의 비난이 있었고, 다행히 병원이 생겨 진료를 받을 수 있었다. 진료와 처방전을 받는데 모두 무료였다. 섬에 약국은 아주 많다. 처방전대로 약을 구입하면 된다.

'사표' 쓰고 지구 한 바퀴

부러운 바르셀로나 사람들
가우디의 꿈

스페인 바로셀로나는 세 가지 이유에서 살기 좋은 도시다. 날씨가 온화하고, 바다와 산이 모두 있어 풍광이 수려하다. 따라서 식재료가 풍성하다. 그리고 무엇보다 과거부터 현재가 지혜롭게 이어져 불편함이 적다.

대표적인 건 도시 중간 중간에 설치된 아름다운 식수대다. 여느 대도시보다 많은 1600개에 달하는 앤틱한 식수대가 곳곳에서 여행자의 갈증을 풀어준다.

지면이 평평해 관광객뿐 아니라 많은 현지인이 자전거를 이용하며, 지하철과 버스노선이 그 어느 도시보다도 편리하게 짜여져있다. 안토니 가우디 (Antoni Gaudi, 1852~1926) 등 유명 건축가를 많이 배출한 계획도시여서 그런 것일까. 교통체증도 거의 느낄 수 없다. 거주인이 아니더라도 환승까지 가능한 편도 10회 승차권을 구입하면 트램, 버스, 지하철 등을 모두 합리적인 가격으로 이용할 수 있다.

이른바 '여행자의 안식처'로 알려진 네팔 포카라, 파키스탄 훈자, 이집트 다합, 에콰도르 빌카밤바 등이 중소규모의 도시라면, 대도시 중에선 바르셀로나가 휴식처라 부를 수 있는 편안함을 지니고 있다.

중심가인 까딸루냐 광장(Catalonia Square)에서 시작되는 람브라스 거리를 걷는다. 한 청년이 길에서 진짜 피아노를 연주하고 있다. 다음 날엔 다른 장소에서 합주자까지 동반한 그를 다시 만난다. 도대체 저걸 어떻게 끌고 다니는 걸까. 이런 의문은 이미 그에겐 절반의 성공이겠지. 그의 모차르트는 다소 서툴지만 재기가 넘친다. 어디선가 그 소리를 닮은 바람이 불어온다.

'베토벤의 집'이라는 음악잡화점에 들어선다. 바그너의 오래된 악보부터 비틀즈의 화보, 엄지손가락 두개만한 드뷔시의 오르골, 다양한 악기들까지 없는게 없다. 여러장르가 섞인 엘피레코

❶ 가우디의 미완성 작품, 성가족성당.
❷ 가우디의 작품 '구엘공원'.
❸ 바르셀로나 거리의 음악가들.

드도 반박스에 15유로 수준이다. 한 청년이 가게 안에서 피아노 연주를 시작한다. 다시 모차르트다.

시장에선 풍성한 하몽(Hamon, 돼지뒷다리를 조미한 자연산 햄)과 해산물을 바라보는 오가는 사람들의 얼굴이 그저 행복해 보인다. 지금은 경기가 열리지 않는 투우장엔 인적이 드물다.

해질무렵 황영조 기념상이 있는 몬주익 언덕에 오른다. 몬주익 성의 문은 굳게 닫혔지만, 7~8월 매주 수요일밤 8시 30분에는 이 성안에서 야외영화제가 열린다.

서울 남산을 연상케 하는 조용한 언덕길을 삼삼오오 오르는 사람들이 보인다. 그들은 모두 간이의자와 간식거리를 들고 웃음꽃을 피우고 있다. 요샛말로 부러우면 지는거라 했다. 그래도 이 도시에 살고있는 그들만은 부럽다.

다음날. 건축가 가우디의 작품들을 둘러보며 생각한다. 때론 인간의 꿈은 생명보다도 길다. 1926년 사망한 건축가 가우디의 꿈이 그렇다.

8월 5일 오후 공사가 한창인 스페인 바르셀로나 성가족성당(Temple Expiatori de la Sagrada Familia, 사그라다파밀리아) 내부. 정체모를 하얀 기둥들이 늘어서 외계인의 비행선에 탑승한 느낌이다. 다른 유럽 성당들과는 달리 밝디 밝다.

지하 박물관에 내려가보니 그 정체모를 느낌의 모티브를 알게 된다. 성당 내부의 기둥은 나무에서, 중간 중간 둥근 부분은 새의 둥지를 그대로 옮긴 것이란다. 고로 이 성당은 우주선이 아니라 울창한 숲이다.

앞서 방문한 가우디가 만든 구엘공원(Park Guell) 에선 돌개바람, 파도, 나무, 비, 구름, 별, 해를 그대로 땅위로 올린 작품들을 접했다. 화가 피카소가 말했

스페인 바르셀로나의 투우장.

다. 위대한 예술가는 일상속 자연에서 큰 영감을 받는다고. 가우디도 필시 그
랬나보다.

그리고 사람의 꿈은 끝나지 않는다.

불의의 사고로 불행한 죽음을 맞은 가우디는 본인이 설계한 성당의 완성을
유언으로 남겼다. 그리고 그 건설은 지금도 이어지고 있다. 스스로 스페인 국
민이기를 거부하는 까딸루냐(현 바르셀로나) 주민들의 모금과 입장료 수입만을
통해서다.

성당의 문은 탄생 · 수난 · 영광의 세 부분인데 현재는 가우디가 만든 '탄생의

'사표' 쓰고 지구 한 바퀴

문'만 유네스코 세계문화유산으로 지정됐다. 완공 예정일은 일러야 2026년이다. 세계에서 가장 높은, 거대한 성당이 될 예정이다.

가우디를 존경한 후배 건축가는 본인이 만든 '수난의 문'에 최후의 만찬부터 십자가에 못박히는 예수의 수난기를 모던한 조각으로 표현했다. 유다는 예수에게 키스하며 로마 병사들에게 그의 정체를 알리고 있다. 예수의 예언대로 새벽닭이 울기 전 그를 세 번 부인한 성 베드로는 눈물을 흘리고 있다. 로마 병사 롱기누스는 예수의 심장을 찌른다.

후배 건축가는 그 거대한 조각 한가운데에 종교적 금기를 무시하고 가우디의 마지막 모습을 새겨 넣었다. 그리고 현재 교황청에서는 가우디에게 성자 품계를 내리는 방안을 검토 중이다.

때론 사람은 이러하다. 그리하여 땅을 밟고 서서 하늘을 바라보며 세대를 이어갈 자격을 갖추게 된다.

2015.8.4.06:59AM(한국시간 기준)
스페인 바로셀로나 COSYROOMS 게스트하우스에서 작성.

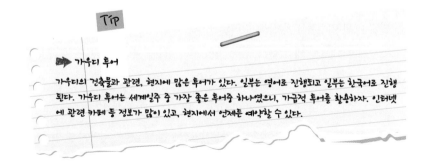

TIP

가우디 투어

가우디의 건축물과 관련, 현지에 많은 투어가 있다. 일부는 영어로 진행되고 일부는 한국어로 진행된다. 가우디 투어는 세계일주 중 가장 좋은 투어중 하나였으니, 가급적 투어를 활용하자. 인터넷에 관련 카페 등 정보가 많이 있고, 현지에서 언제든 예약할 수 있다.

고엽枯葉의 파리

다국적의 엄청난 인파가 한 여성 앞에서 몸싸움을 마다하지 않으며 카메라 셔터들을 눌러댄다. 20여분의 기다림 후. 드디어 그녀 앞에 서서 눈을 마주쳐 본다. 조금이라도 더 보고 싶지만, 뒷사람에게 미안해 금새 자리를 내준다.

8월 7일 프랑스 파리 루브르박물관(Louvre Museum)내 레오나르도 다빈치 (Leonardo da Vinci, 1452~1519)의 작품『모나리자(Mona Lisa)』앞. 인기 연예인은 저리가라 할 엄청난 인기에 그녀와 눈만 잠시 맞추고 자리를 피한다. 바쿠스 등 몇몇 다빈치의 유명 작품도 있지만 유독 모나리자 앞만 난리다. 그 오묘하 다는 느낌을 가져볼 새도 없다. 하긴 저 작은 그림이 거대한 루브르의 대표작 이다.

한층을 올라 구석진 방으로 도망친다. 네덜란드 화가 렘브란트(Rembrandt, 1606~1669)를 위한 작은 방이다. 오가는 사람은 많지 않다. 서양처자 한 명만

뚫어질 듯 렘브란트를 응시하고 있다.

그의 '두터운' 자화상을 본다. 가난한 노인이 금방이라도 말을 걸어올 듯하다. 렘브란트는 젊어서 성공했지만 말년은 비참했다고 한다.

늙수그레한 얼굴위로 그려진 주름들을 가만히 들여다보면 사전 지식 없이도 비참함이 보인다.

'이것은 살아있는 인간의 실제 얼굴이다. 자신의 생김새를 샅샅이 훑어보고, 끊임없이 인간의 표정에 내포되어 있는 비밀에 대해 보다 많은 것을 탐구하려는 화가의 꿰뚫어보는 응시가 있을 뿐이다. 우리는 렘브란트의 위대한 초상화들에서는 실제 인물과 직접 대면하여 그 사람의 체온을 느끼고, 공감을 구하는 그의 절박함과 또한 그의 외로움과 고통을 느낄 수 있다.'

영국 평론가 곰브리치의 글이다.

필자도 살면서 몇 번쯤은 렘브란트의 작품들을 접할 기회가 있었다. 언제 어디서나 느낌은 비슷했다. 그의 어둠은 깊다. 성화든 인물화든 상관없이 공통적으로. 그가 그린 은식기나 유리잔을 보면, 눈부신 빛남조차 두터운 어둠으로부터 피어난 듯한 인상을 받는다.

그리고 무엇보다 그의 자화상은 저 늙은이가 적어도 자신을 속이는 삶을 살지는 않았을 것이라는 확신감을 전해준다. 어려운 일이겠지. 실제로 그렇게 살아가는 인간이 과연 몇이나 있을까. 용기를 넘어선 큰 깨달음이 필요한 일이 아닐까.

전시장을 나서는데 얼굴을 베일로 가린 거대한 조각상과 눈이 마주쳤다. 뒤집어쓴 베일이 솔직하지 못한 나를 조롱하는 듯했다.

파리 루브르 박물관에 있는 렘브란트의 자화상.

파리 오르세 미술관에 전시된 화가 쿠르베의 문제작 '세상의 근원'.

떨치듯 박물관을 나와 지하철을 탔다. 루벤스와 반다이크, 그리고 바스키아까지 다채로운 전시회 광고판이 눈에 띄었다. 숙소로 돌아와 자판기 커피 한잔보다도 저렴한 와인을 한병 마시고 일찍 잠들었다.

다음날. 프랑스 파리 오르세 미술관. 자국 화가 귀스타브 쿠르베(Gustave Courbet, 1819~1877)의 대작 『화가의 작업실』 복원 작업이 한창이다.

복원 중인 작품을 작게 복사한 인쇄물을 본다. 작품안에는 화가와 모델이 있고 많은 이들이 그들을 바라보고 있다. 이 작품의 부제는 '7년 동안 화가로서 나의 삶을 결산하는 우의화'다. 화가를 바라보는 건 그림속 관람객들뿐만이 아니다. 미술관을 찾은 이들도 그의 7년간의 결산과 그것이 복원되는 과정을 본다.

이 작품은 1855년에 발표됐다. 딱 160년이 흘렀다. 그는 7년간의 생활을 그렸을 뿐이지만, 이는 아마도 영원할 생명을 얻었다.

근처에는 쿠르베의 유명한 논란작 『세상의 근원』이 있다. 실오라기 하나 걸

파리 뱅브 벼룩시장에서 연주중인 거리의 예술가.   소설로 유명한 파리의 노트르담 대성당.

치지 않은 여성의 음부를 적나라하게 묘사한 작은 유화다.

제목부터 의아하다. 백번 양보해 여성의 음부가 '인간의 근원'이라면 혹시 모를까, 어마어마하게도 '세상의 근원'이다.

그가 당시 바라본 세상은 초월적 존재로부터 내려온게 아닌 단지 여성의 음부로부터 생겨난 것이었을까. 아니면 그의 세상은 온통 여성의 그것이었을까.

이 흥미로운 작품의 탄생 배경은 동명의 소설로도 발표된 바 있다. 그러나 마치 가십처럼 조잡했을 뿐이다. 어쩌면 쿠르베의 생각이 그랬을 수도 있겠지….

그럼에도 불구하고 여러의미로 이 작품이 가진 생명력은 지금도 꿈틀거린다. 그리고 자질구레한 일에는 신경도 쓰지않았

사진촬영을 저지하는 파리 몽마르뜨 언덕의 야바위꾼.

을듯한 예술가를 느낀다.

다른 전시관을 둘러본다. 어떤이들은 여름밤에 춤을 추고 있다. 한 사내는 본인의 얼굴과 방을 화폭에 담았다. 그리고 흥겨운 파리의 정경. 이들을 보는 건 단지 모두 기쁨이다.

미술관을 나와 주말 벼룩시장을 훑어봤다. 눈이 불편한 할아버지가 한장에 1유로씩을 부른 중고 레코드를 4장 구입했다. 한 노인은 바퀴달린 피아노를 연주한다. 지하철을 타고 이동해 센느강 주변을 걸었다. 퐁네프의 연인들은 보이지 않았다.

강변 모래사장엔 토요일을 즐기는 사람들로 북적였다. 한 흑인 아이가 엉엉 울고 그의 어머니는 껄껄 웃었다.

또 다음날. 낙엽을 밟았다. 세계일주 중 첫 가을을 프랑스 파리에서 보냈다. 8월 9일 일요일 오전 노트르담 대성당(Cathedral of Notre-Dame de Paris) 앞. 정교한 건축물을 올려다보는 사람들로 북적였다. 샹젤리제 거리를 따라 거닐다가 작은 골목길로 들어섰다. 곳곳에서 음악이 흘렀다. 일요일이라 골목길엔 인적이 없고 낙엽만이 가득했다. 어느덧 에펠탑이 자줏빛 노을로 물들고 차근차근 어둠이 내렸다. 나이든 이들은 센느강 건너에서 왈츠를 췄다.

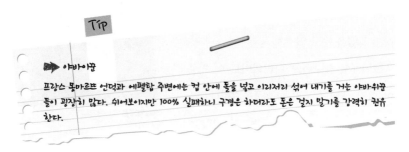

TIP

▶▶▶ 야바위꾼

프랑스 몽마르뜨 언덕과 에펠탑 주변에는 컵 안에 돌을 넣고 이리저리 섞어 내기를 거는 야바위꾼들이 굉장히 많다. 쉬워보이지만 100% 실패하니 구경은 하더라도 돈은 걸지 말기를 강력히 권유한다.

'사표' 쓰고 지구 한 바퀴

리스트의 방.

Ep. 056

글루미 선데이

작은 항공기의 바퀴가 활주로에 닿자마자 기내에선 팡파레 음악이 울려퍼진다. 승객들이 환호성과 함께 박수를 보낸다. 8월 12일 오후 헝가리 부다페스트 프란츠 리스트 국제공항(Budapest Ferenc Liszt International Airport)에 착륙한 라이언에어 저가항공기 기내의 모습이다. 이날 오전 프랑스 파리 외곽 보배국제공항(Beauvais International Airport)에서 출발한 작은 항공기는 적지않은 우여곡절을 겪었다.

보베 국제공항은 청사에서 항공기의 승강계단까지 야외로 걸어가서 탑승하는 작은 공항이다. 좋게 생각하면 귀빈이 되어 전용기를 타는 느낌이랄까.

그런데 3시간 가량 비행 후 도착 30여분을 앞두고 항공기가 오르내림을 반복하고 격하게 흔들렸다. 급기야 필자 바로 뒷자리의 건장한 서양 청년은 10여분간 구토했다. 몇 분후 무사히 도착했음에 갈채를 보내는 승객들의 흥겨움이

유명한 부다페스트의 야경.

웃음을 자아냈다.

부다페스트 프란츠 리스트 국제공항에서 동유럽 느낌이 물씬 풍기는 오래된 버스와 지하철을 번갈아 타고 숙소로 이동한다. 도착한 곳은 시내가 아니어서 적막했다. 짐을 풀고 휴식을 취한 후 저녁 늦게 숙소 인근 대형마트를 둘러봤다. 물가가 대한민국보다도 저렴했다. 한화 1000원이면 맥주 한 병과 과자 한 봉지를 살 수 있었다. K와 배부르게 먹고 마셨다.

다음날 아침 헝가리 국립박물관을 찾았다. 앞서 방문한 프랑스 루브르 박물관이나 베르사유궁전 등에 비해 무척 작은 규모로 모든게 소박할 따름이었다.

이리저리 둘러보다 흥미로운 방을 발견했다. 헝가리를 대표하는 작곡가 프란츠 리스트의 방이다. 국립박물관에 음악가를 위한 별도의 전시관이 있는 건 드문일이다. 그러고보니 헝가리 최대 국제공항의 명칭도 역시 그의 이름이었다. 헝가리엔 벨라 바르토크와 졸탄 코다이 등 이름 높은 작곡가들이 많지만 역시 리스트의 명성에는 미치지 못하는가 보다.

'사표' 쓰고 지구 한 바퀴

리스트의 방에는 선배 작곡가 베토벤이 선물한 함머클라이버(옛 피아노)와 본인의 승인하에 지난 19세기부터 박물관에 걸려있는 리스트의 초상화 등이 자리하고 있다.

박물관을 나서 정처없이 시내를 걸었다. 몇 해 전 방문했던 러시아 모스크바와 상트페테르부르크의 풍경이 떠올랐다. 낡은 악기를 든 길거리 연주가가 그 어디보다도 많았던 나라다.

부다페스트에도 다소 모자란 경제력을 뛰어넘는 문화적 저력이 골목 골목 눅진하게 붙어 있었다.

다음날 해질 무렵 도나우 강가에 섰다. 주인을 잃어버린 녹슨 신발들이 주욱 늘어서 있다.

20세기 초반의 어느 일요일, 우울한 시대를 담은 한 노래의 울림을 감당하지 못한 사람들이 저 강물로 뛰어들었다. 그리고 그들은 두 번 다시 땅을 밟지 못했다. 마치 전설처럼. 그 유명한 음악 『글루미 선데이(Gloomy Sunday)』의 현장이다.

부다페스트 거리에 있는 리스트 조각상.

부다페스트 강변에 놓인 녹슨 신발 조형물.

Ep. 057

나의 조국 체코, 돈 지오반니

체코 프라하행 버스에 몸을 실었다. 몇 시간이 지나면 대한민국의 70주년 광복절이 지나갈 때였다. 불행했던 조국을 평생 사랑한 체코 작곡가 베르드지흐 스메타나(Bedrich Smetana, 1824~1884)를 떠올렸다. 체코서 가장 유명한 작곡가는 스케일이 크고 글로벌한 사내였던 안톤 드보르작(Anton Dvorak, 1841~1904)이지만 체코인들은 그의 선배 스메타나를 무척 사랑한다. 마치 러시아인들이 세계적인 작곡가 차이코프스키보다 민속적 색채가 강한 글린카를 더 사랑하듯이. 이른바 '국민악파' 작곡가로 불리는 스메타나의 대표작은 교향시 『나의 조국(Ma Vlast)』이다.

1824년에 태어난 그는 어려서부터 음악적인 재능을 보였다. 아버지의 뜻을 어기면서 수도 프라하로 이주한 후 음악가로서 승승장구했다. 그러나 '혁명의 시대'는 그를 가만히 놔두지 않았다. 당시 체코는 오스트리아의 통치하에 있었

프라하 도나우강에 백조들이 떠있다.

다. 스메타나는 시인 네루다 등이 주도한 혁명의 물결에 휘말려 요주의 인물로 지목을 받고 사랑하는 조국을 떠나게 된다.

1859년 이탈리아가 오스트리아와의 전쟁에서 승리하자, 스메타나도 그리던 고국으로 돌아가서 오페라 『팔려간 신부』등 민족적 선율이 가득담긴 명곡들을 작곡했다. 그러나 만년에는 베토벤과 마찬가지로 청력을 상실하게 됐고 정신병까지 재발해 정신병원에서 쓸쓸하게 숨을 거뒀다.

그가 남긴 많은 작품들 중 조국에 대한 사랑과 그리움이 가득한 연작 교향시 『나의 조국』은 가장 위대한 애국음악이다. 그가 최만년인 1883년(58세)에 최종 완성본을 발표한 이 곡은 체코의 음악 예술을 세계의 유산으로 만드는 데 기여했다는 평가를 받는다.

곡 전체는 여섯 부분인데 '비세라드' '몰다우' '사르카' '보헤미아의 숲과 평온

모차르트가 걸작 오페라 돈 지오반
니를 초연한 에스테이트 극장.

프라하의 대표 문인 프란츠 카프
카. 한글 브로셔가 눈길을 끈다.

에서' '타보르' '블라닉' 등이다. 모두 체코
의 역사적인 장소와 자연 및 전설을 담고
있다.

전곡 중 『몰다우』가 가장 유명하지만,
모든 곡에 넘쳐 흐르는 애수와 그리움
이 매력이다. 스메타나보다 90년 뒤에
태어난 체코의 지휘자 라파엘 쿠벨리
크(Rafael Kubelik, 1914~1996)는 이곡
과 평생을 함께 했다. 바이올린 연주
가 얀 쿠벨리크의 아들인 그는 어린 나
이부터 음악에 재능을 보이며 승승장
구했으나 고국 체코가 공산주의 국가가
되자 타국에서 활동을 하면서 세계적인
지휘자 반열에 오른다. 그는 가는 곳마
다 고국을 그리워하듯 나의 조국을 수 차
례 지휘하고 녹음도 다수 남겼다.

그는 1989년 체코가 민주화에 성공한
후 고국을 떠난지 42년만에 돌아가 나의
조국을 지휘했다. 이후 쿠벨리크는 '프라하의 봄' 음악제를 창설했다. 이 음악
제는 매년 스메타나의 기일인 5월 12일에 개최된다. 이 음악제의 개막곡은 언
제나 『나의 조국』이다.

야경이 아름다운 체코에서의 이틀째 저녁. 모차르트 오페라『돈 지오반니』를 본다. 진부하지만, 모차르트의 음악은 '천의무봉(天衣無縫)'이다. '천사의 옷에는 꿰맨자국이 없다'는 극찬이다. 그의 걸작 오페라 돈 지오반니의 피날레가 바로 그렇다.

3시간에 걸친 오페라의 마지막 15분. 비열한 호색한 돈 지오반니를 사랑하는 열정적인 여인 돈나 엘비라는 그에게 개과천선을 권한다. 돈 지오반니는 언제나처럼 그녀를 희롱하며 웃어넘긴다. 잠시 후 지옥에서 온 석상(기사장)이 등장한다. 돈나 엘비라는 비명을 지르며 도망치고 유쾌한 하인 레포렐로는 "탕탕탕탕" 흥겨운 음악에 맞춰 석상의 발소리를 흉내낸다.

불과 5분 가량이지만 비련함과 긴박함, 슬픔과 기쁨을 오르내리는 선율은 대체불가능한 기쁨을 선사했다. 이어 석상이 돈 지오반니의 손을 잡고 그를 지옥으로 이끈다. 돈 지오반니는 괴로움에 떨면서도 후회하지 않고 지옥으로 떨어진다. 서곡에서 잠시 등장했던 무거운 음이 십여분간 절정을 선사했다.

1787년 모차르트는 바로 이곳, 프라하 에스테이트 극장(Prague Estates Theatre)에서 직접 돈 지오반니를 지휘했다.

특별한 경험

체코 프라하 에스테이트극장에서 돈 지오반니를 보는 건 특별한 경험이다. 음악에 관심이 있는 이들은 놓치지 말자.

빈 국립 오페라극장.

Ep.058

빈 클림트의 베토벤 프리즈

화창한 오스트리아 빈의 오후. 제체시온(분리주의빌딩)을 찾아 화가 구스타프 클림트(Gustav Klimt, 1862~1918)의 『베토벤 프리즈(Beethoven fries, 베토벤의 작은 벽)』를 본다.

빈의 자랑거리인 클림트가 작곡가 베토벤의 9번 교향곡 『합창』을 길이 33미터의 벽화로 표현한 대작이다.

3면의 벽을 따라 길게 이어진 이 작품은 행복에의 열망, 억압하는 기운, 비탄, 시(詩) 순으로 이어지다가

오스트리아 빈의 대표화가 클림트가 그린 '피아노 앞의 슈베르트'.

클림트의 대작 '베토벤 프리즈'가 있는 분리주의 건물.

클림트의 작품 베토벤 프리즈 중 일부. '전세계에 보내는 키스'.

'전 세계에 보내는 키스'로 끝난다.

행복에의 열망에는 야망과 질투, 억압하는 기운에는 음란과 질병, 전 세계에 보내는 키스에는 천사들의 합창을 배경으로 한 근사한 키스 장면이 담겼다.

은유와 직설이 동시에 담긴 이 작품은 완성된지 100년이 지난 지금도 반짝반짝 빛난다.

지난 1901년 전시회 당일에는 빈의 작곡가 구스타프 말러(Gustav Mahler, 1860~1911)가 직접 편곡 지휘한 베토벤의 합창교향곡이 전시장에 울려 퍼졌다고 한다. 현재 말러의 합창교향곡 녹음은 남아있지 않다.

더 앞서 1824년 베토벤의 지휘로 초연된 합창교향곡 마지막 악장에는 쉴러의 시 '환희의 송가'가 담겼다. 교향곡에 성악을 결합한 최초의 시도다.

환희의 송가의 가사는 아래와 같다. (번역자 미상)

환희여, 신들의 아름다운 광채여, 낙원의 처녀들이여,
우리 모두 감동에 취하고 빛이 가득한 신전으로 들어가자.
잔악한 현실이 갈라놓았던 자들을
신비로운 그대의 힘은 다시 결합시킨다.
그대의 다정한 날개가 깃들이는 곳,
모든 인간은 형제가 된다.

위대한 하늘의 선물을 받은 자여,
진실된 우정을 얻은 자여,
여성의 따뜻한 사랑을 얻은 자여,
환희의 노래를 함께 부르자.

그렇다. 비록 한 사람의 벗이라도
땅 위에 그를 가진 사람은 모두...
그러나 그것조차 가지지 못한 자는
눈물 흘리며 발소리 죽여 떠나가라.

'사표' 쓰고 지구 한 바퀴

이 세상의 모든 존재는
자연의 가슴에서 환희를 마시고
모든 착한 사람이나 악한 사람이나
환희의 장미 핀 오솔길을 간다.
환희는 우리에게 입맞춤과 포도주, 죽음조차
빼앗아 갈 수 없는 친구를 주고
벌레조차도 쾌락은 있어
천사 케르빔은 신 앞에 선다.

장대한 하늘의 궤도를 수많은 태양들이
즐겁게 날 듯이 형제여
그대들의 길을 달려라,
영웅이 승리의 길을 달리듯.
서로 손을 마주잡자.

억만의 사람들이여,
이 포옹을 전 세계에 퍼뜨리자.
형제여, 성좌의 저편에는
사랑하는 신이 계시는 곳이다.

엎드려 빌겠느냐,

억만의 사람들이여,

조물주를 믿겠느냐

세계의 만민이여,

성좌의 저편에 신을 찾아라,

별들이 지는 곳에 신이 계신다.

한줄한줄 단단한 염원이 가슴을 친다.

몇해전 작고한 이탈리아 지휘자 클라우디오 아바도(Claudio Abbado, 1933~2014)는 20세기말 빈필하모닉과 베토벤 교향곡 전곡을 녹음하면서 이 기다란 그림을 쪼개 각각의 재킷에 담았다. 그리고 합창교향곡 재킷에는 '전세계에 보내는 키스'를 넣었다.

전시장을 나와 벨베데레 궁전을 향해 걷는다. 어느덧 이름모를 길목인데 귀청을 울리는 음악을 멈출수가 없다. 인류가 존재하는한 베토벤의 이름은 영원히 기억될 것이다.

1901년 클림트가 그랬고 1987년 아바도가 그랬듯이….

그리고 해가 뜨고 달이 지듯이….

'사표' 쓰고 지구 한 바퀴

베를린 장벽

베를린 장벽을 둘러보던 사내는 담담하지 못하다. 오래 전 사라진 장벽의 흔적들임에도 불구하고…. 그는 세계유일의 분단국가 출신이다.

8월 27일 오후 독일 베를린 시내 한가운데 위치한 옛 검문소(체크포인트 찰리, Checkpoint Charlie). '이곳을 지나면 미국 영역이 아닙니다'라고 적힌 동서독 통일전 냉전시대의 표시판이 수많은 관광객 사이로 솟아있다.

검문소 앞에선 군인복장을 한 이들이 돈을 받고 피사체가 돼 준다. 검문소 바로 뒤엔 커다란 맥도날드와 스타벅스가 있다. 아직도 미국의 영역이다.

근처에는 베를린 장벽의 잔해가 전시돼있고 일부는 판매된다. 화창한 날씨 속 오가는 사람들은 즐거워 보인다. 모두 기념촬영에 정신없다.

체크포인트 찰리는 과거 냉전이 최고조에 달했을 때 구소련과 미국의 탱크가 대치했던 장소다. 외교관 및 고위 인사들과 기자들이 지나다니는 곳이었기

세계 거리 예술가들의 작품으로 뒤덮인 독일 베를린 장벽.

때문에 유명했다.

베를린의 과거는 뼈아팠지만, 그 흔적들이 지금은 국부에 보탬이 된다. 체크포인트 찰리 인근에는 나치의 만행에 관한 자료를 전시하는 '테러의 토포그래피 박물관(Topography of Terror)'이 있다.

박물관 안에는 가로수마다 수많은 사람들의 목이 걸려있는 사진 등 제2차 세계대전을 전후한 끔찍한 기록물이 가득하다. 베를린의 다른 박물관과는 달리 이곳은 입장료를 받지 않는다. 치부를 스스로 널리 알리려는 독일의 현재가 무척 인상 깊다. 베를린은 세계일주 중 거쳐 온 다른 유럽 대도시들에 비해 한마디로 정의하기 어려운 복합적인 활기가 가득한 도시다. 이 박물관이 한층 매력을 더한다.

박물관 기록물 중 한 독일인은 "나는 살인자가 아니다. 나는 군인이었고 명령에 충실히 따랐을 뿐"이라고 발언했다.

지옥에서 살아남은 그의 말엔 진실이 담겨있을 것이다. 전쟁이 곧 살인이다. 없어질 순 없겠지만, 있어서도 안 된다. 그리고 역사는 언제나 강자의 편이다. 나치가 꿈꿨던 '세상에서 가장 위대한 게르마니아'는 역사의 심판을 받았다. 단지 앵글로 색슨의 승리로 치부해 버리기엔 너무 많은 사람이 목숨을 잃었다.

이곳으로부터 도보로 1시간 가량 떨어진 강변에는 '이스트사이드 갤러리(East

'사표' 쓰고 지구 한 바퀴

Side Gallery)'가 있다. 베를린 장벽의 잔해 위에 전세계의 길거리 예술가들이 다양한 벽화를 남겼다. 그들의 메시지는 다름 아닌 자유. 그리고 또 자유다.

주욱 돌아보던 중 한 벽화 위에 적힌 '겨레의 소원 통일'이라는 한글 낙서를 본다.

벽화 뒤론 폭이 좁은 물길을 따라 강물이 유유히 흐르고 있다. 검고 탁하며 쓸쓸했다.

2015.8.28.06:15AM(한국시간기준).
독일 베를린 Jugendgastehaus Lichterfelde 호스텔에서 작성.

찰리의 체크포인트.

베를린 장벽의 잔해.

Tip

▶▶ 이스트사이드 갤러리
베를린 장벽을 바탕으로 한 이스트사이드 갤러리의 길거리 예술작품들은 규모와 내용면에서 빈나절 정도를 투자할 만한 가치가 있다. 시내 중심가에서 대중교통으로 멀지 않은 곳이니 놓치지 말자. 별다른 입장료도 없다.

필하모니아홀.

Ep.060

쇼스타코비치의 증언

날선 소리가 귀를 베고 넋을 빼앗았다. 8월 28일 저녁 7시 독일 베를린 필하
모니홀에서 개최된 베를린 필하모닉오케스트라의 정기 연주회에서다.

독일의 음악적 자존심인 베를린 필하모닉오케스트라의 상임지휘자는 영국
출신인 사이먼 래틀 경(Sir Simon Rattle, 1955~)이다. 이날의 연주곡은 구 소련
최고의 근대 작곡가 드미트리 쇼스타코비치(Dmitrii Shostakovich, 1906~1975)의
교향곡 4번이었다.

제2차 세계대전 당시 영국은 독일에 승리했고, 히틀러는 잔혹한 슬라브족
말살 정책을 폈다. 그리고 베를린 필은 히틀러를 위해 연주했던 단체다. 한마
디로 역사적인 악연이 얽히고 설킨 음악회였던 셈이다.

물론 세계 최고의 관현악단 중 하나인 베를린 필 단원들의 압도적인 기량과
필하모니홀의 뛰어난 음향은 그 자체로도 깊은 감동을 선사했다. 서양고전음

베를린 필의 정기 공연 후 박수갈채를 받는 상임지휘자 사이먼 래틀 경.

악에 큰 관심이 없던 K조차 두어시간을 꼼짝도 못하고 집중했으니 말이다.

두근거림을 안고 연주회장을 나서며 쇼스타코비치가 지난 1975년 죽기 전에 남긴 유명한 인터뷰 '증언'의 내용을 떠올렸다. 쇼스타코비치는 구 소련의 다른 음악가들과는 달리 서구로 망명하지 않았다. 이 와중에 구 소련으로부터 많은 탄압을 받았다. 아래는 그가 남긴 '증언'의 내용을 인용한 글이다.

나는 인간성을 파괴하는 또 다른 적을 생각하고 있었다. …(중략)… 물론 파시즘은 가증스러운 짓이지만, 독일의 파시즘만 그런 것은 아니다.

모든 파시즘은 어떤 형태를 띠고 있건 똑같이 가증스럽다.

요즘 사람들은 히틀러가 우리를 괴롭히기 이전엔 모든 것이 좋았고, 전쟁이 발발하기 전 시점이 평화롭고 목가적인 시절인 양 회상한다.

히틀러가 범죄자란 사실은 말할 필요도 없다. 그러나 스탈린도 다를 바 없다. 히틀러 덕분에 나는 죽은 사람들의 고통을 영원토록 마음 속에서 떨칠 수 없을 것이다. 하지만 스탈린의 명령으로 희생된 사람들을 생각할 때에도 그에 못지 않게 고통을 받았다. 고문, 총살, 그리고 굶주림으로 죽은 모든 사람들을 생각하면 가슴이 미어진다. 대부분의 나의 교향곡은 죽은 사람들을 위한 묘비이다. 너무 많은 사람들이 부당하게 죽어갔다.

어느 곳에 그들의 묘비를 세우겠는가? 단지 음악 만이 그런 일을 할 수 있다.

쇼스타코비치는 스탈린과 히틀러보다 훨씬 오래 살았다. 그리고 이날 베를린의 하늘에 울려퍼진 그의 노래는 더 오래 살아남을 것이다.

진정한 예술이란 이런 것이 아닐까.

2015.8.29.06:35AM(한국시간기준).
독일 베를린 Jugendgastehaus Lichterfelde 호스텔에서 작성.

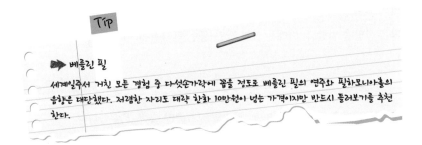

Tip

➡️ 베를린 필
세계일주서 거친 모든 경험 중 다섯손가락에 꼽을 정도로 베를린 필의 연주와 필하모니아홀의 음향은 대단했다. 저렴한 자리도 대략 한화 10만원이 넘는 가격이지만 반드시 들러보기를 추천한다.

'사표' 쓰고 지구 한 바퀴

베를린의 한 광장을 가득 메우고 있는 오토바이 부대.

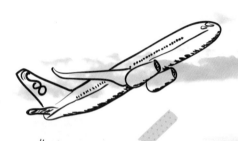

여행 국가 및 도시
(여행 181일 ~ 240일, 2015. 8. 30~10. 28)

영국 런던
아일랜드 더블린
미국 뉴욕, 라스베가스, 그랜드캐년
멕시코 멕시코시티, 와하까, 산크리스토발
과테말라 빠나하첼, 산페드로, 과테말라시티
온두라스, 엘살바도르, 니카라과 그라나다
코스타리카, 파나마시티
콜롬비아 카르타헤나, 메데진, 보고타, 이피알
레스

part.4

대부분 기쁨
가끔은 서글픔

유럽 최대 축제
영국 런던 노팅힐의 명암

400명이 체포되고 21명이 경찰을 공격했다. 하루종일 비가 내린 8월 31일 영국 런던 노팅힐 카니발(Notting Hill Carnival)에서다.

이날 아침 11시경. 삼바 복장을 한 흑인들이 수영복 위에 우비를 겹쳐입고 퍼레이드 준비에 한창이다. 거리를 메운 수많은 이들이 행진의 시작을 기다리고 있다.

앞서 이틀 전 독일 베를린에서 탑승했던 장거리 버스는 런던 도착까지 장장 19시간이 걸렸다. 세계일주 초반 라오스 루앙프라방에서 중국 윈난성까지 27시간이 걸렸던 버스에 이어 최장시간이다. 둘다 피곤하긴 마찬가지였다.

영국은 섬나라지만, 버스를 타고 국경을 넘어들어갈 수 있다. 수도 런던에 도착하자마자 예약해둔 숙소로 향하는데 예상보다도 더 멀다. 녹초가 된 K와 저녁을 간단히 해먹고 푹 쉬었다. 다음날은 운좋게 일정이 맞은 노팅힐과 프롬스(The Proms) 두가지 축제를 모두 둘러보기로 했던 터다.

노팅힐 축제는 카리브해 출신을 중심으로한 영국 이민자들의 최대 축제다. 프롬스는 '음악을 산책하다'를 모토로 한 유서깊은 클래식 음악제다.

오전 중 시작된 노팅힐 카니발에선 흥에 취한 흑인들의 몸놀림을 코앞에서 본다. 사실 이는 굉장한 경험이다. 몇 해전 쿠바 여행에서 겪었던 일을 떠올렸다. 혼자서 오래되고 유명하다는 극장을 찾았는데 예상외로 다소 분방한 분위기였다.

어디선가 나타난 30대 아주머니가 앞에 앉더니 술을 사달란다. 쿠바에선 호객꾼이 길에서 관광객을 꼬드겨 함께 술집에서 술을 마시는게 흔한 일이다. 아마도 바가지 가격을 통한 커미션을 챙길 터이다. 그래도 심심했던 참이어서 그 아주머니를 위한 맥주도 한병 주문했다. 그런데 갑자기 테이블에서 일어서시더니 혼자서 춤을 추셨다. 아니, 춤이라기보단 난생 처음보는 과격한 율동이었다. 보기에도 민망해 손을 저어 말렸다.

노팅힐 카니발에는 그런 아주머니들이 수백명 계셨달까. 이 카니발엔 하루에 50만명이 몰린다고 한다. 길거리 음식을 손에 들고 분위기를 타며 어울리다 보니 눈도 입도 몸도 귀도 즐겁다. 레게와 힙합을 중심으로 한 블랙뮤직이 거리를 가득 메운다. 그런데 시간이 지날수록 상황이 심상찮다. 일단 사람이 너무 많고, 대부분 너무 젊고, 이른 시간부터 이미 취해있거나 취해가고 있다. 남녀간의 민망한 장면도 심심치 않게 보인다. 길바닥엔 깨진 병조각 투성이다.

물론 장기여행자가 아니었다면 웃으며 넘길만한 수준이었지만 여기서 다쳐서는 안된다는 본능적인 느낌을 받았다.

노팅힐 카니발에서 흥에 취한 사람들.

'사표' 쓰고 지구 한 바퀴

노상에서 춤을 추던 십대 청년이 어디선가 날아온 맥주가 반쯤 들어있어 보이는 캔에 머리를 맞는다. 한 20대 여성은 갑자기 길에 쓰러져 경찰에게 둘러싸여 있다.

이에 예정보다 1시간 빠른 오후 3시 발디딜 틈도 없는 노팅힐을 빠져나온다. 한 시간을 이동해 프롬스 공연이 있는 로열 알버트 홀(Royal Albert Hall)에 도착한다.

무척 저렴한(5파운드) 당일 입석표를 구하기 위해 공연 3시간 전에 도착했는데도 배정받은 번호는 84번이다. 홀 앞에 앉아 이어폰으로 음악을 들으며 입장시간을 기다렸다. 비는 그칠 생각이 없어 보였다. 마실 나온 차림의 할아버지가 낚시의자에 앉아 과일을 드시고 계셨다.

저녁 7시경 입장한 홀은 총 5000석 규모인 만큼 매우 넓었지만, 사실 클래식을 듣기엔 과대해 보였다. 30여분 후 연주가 시작됐다. 지휘자 바로 앞에 서서 귀를 기울였다. 피아니스트도 지휘자도 단원들도 모두 훌륭했다. 그들은 모두 세계적인 명성을 지닌 이들이다. 그런데 음악엔 재미가 없었다. 이날 연주곡이 '생강같은' 바르토크 피아노 협주곡과 웅장한 베토벤 교향곡 3번 '에로이카(영웅)' 였음에도 불구하고 그랬다.

좋게 말하자면 '음악을 산책하다'라는 프롬스의 모토에 딱 맞는 편안한 연주였을 수도 있겠다. 아니면 오전 노팅힐의 흥겨움이 그리웠던 것일까.

적다 보니 흑인 관현악단 단원은 단 한번도 본적이 없다. 40여년전 미국 CBS음반사에서 흑인 작곡가 시리즈를 출반했었고 딘 딕슨이라는 흑인 시휘자와 제시 노먼을 비롯한 꽤 많은 흑인 성악가를 알고 있지만 실제 흑인 오케스트라 단원을 공연장에서 본 기억은 없다.

국내 대중가요를 비롯해서 흑인음악이 세계적인 대세임에도 불구하고.

단지 클래식 음악계가 보수적이어서 그런 것일까. 아니면 서로 흥을 느끼는 방법이 다른 것일까. 전자보다는 후자가 공평해 보이기는 하지만, 실상은 전자에 가까운게 아닐지. 세계최고 중 하나인 빈 필하모닉 오케스트라가 여성을 단원으로 받아들인게 불과 십 수년 전의 일이다.

다음날. 유명 뮤지컬을 보고 숙소로 돌아오는 전철안에서 버려진 석간신문을 집어들었다.

전날 노팅힐 카니발에서 400명이 체포되고 21명이 경찰을 공격했다는 기사가 눈에 띄었다. 피흘리는 남자의 사진을 걸어놓고 아시아인 그룹의 소행으로 보인다는 출처가 분명친 않은 씁쓸한 내용과 함께.

독자투고란에는 '많은 술은 물론 일부 마약도 하는 건 사실이지만 관람객 대비 사고의 비율은 매우 낮다'고 주장하는 글이 실렸다. 노팅힐 축제를 공격하는 언론을 비난하는 어조다.

너무 많아도, 너무 적어도 탈이다. 흥이 잘못했다.

2015.9.2.08:46AM(한국시간기준). 영국 런던 겔레트 게스트하우스에서 작성.

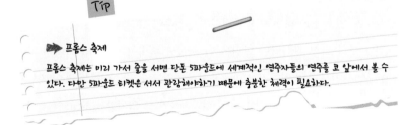

Tip

▶ 프롬스 축제

프롬스 축제는 미리 가서 줄을 서면 단돈 5파운드에 세계적인 연주자들의 연주를 코 앞에서 볼 수 있다. 다만 5파운드 티켓은 서서 관람해야하기 때문에 충분한 체력이 필요하다.

'사표' 쓰고 지구 한 바퀴

로열 알버트 홀 내부 모습.

로열 알버트 홀에서 프롬스 축제 연주를
기다리는 사람들.

Ep. 062

영국 런던의 유명
재즈바 'RONNIE
SCOTT'S'의 공연
프로그램.

재즈

재즈는 새벽의 노래다. 녹아들기에 밤은 짧다.

9월 2일 밤 9시 30분 영국 런던의 재즈바 'RONNIE SCOTT'S'. 유명한 곳이
다. 밤 9시 넘어서 공연이 열리는데 8시 이전에 입장하면 입장료가 5파운드고
이후엔 8파운드다. 오래 기다리면 저렴한 셈이다.

연주자의 인지도 등에 따라서도 매일의 입장료는 조금씩 다르다. 영국은 여
러모로 실용적이어서 편리한 나라라고 느낀다. 이곳을 포함한 모든 요금들도
그랬다.

바와 붙어있는 같은 이름의 클럽에선 카리브해에서 온 유명 연주자의 실황
이 열렸다. 그러나 예약을 하지 않았고 가격도 훨씬 비싼 관계로 바에서 정기
공연을 하는 이들의 연주를 듣는다.

리더인 트럼펫이 훌륭하고 드럼은 발군이다. 베이스는 새로 바뀐듯 리듬의

발목을 잡는다. 잘생긴 드럼이 귀엽게 눈치를 준다. "얌마 잘 좀해봐!" 소리가 들리는 듯하다.

10시가 지나자 본격적으로 사람들이 몰려든다. 대부분 한손에 술을 들고 서서 본다. 런던 길거리에서 흔히 볼 수 있는 풍경이다. 혹시 선채로 마시는 술은 덜 취하는걸까.

30분이 더 지나자 어여쁜 처자 둘이 춤을 추기 시작한다. 아무도 신경쓰진 않는다.

재즈는 비슷하다. 『사랑하거나 떠나거나(Love me or Leave me)』『파리의 사월(April in Paris)』등 귀에 익은 곡들이 귀에 익은 소리로 감겨온다.

재즈의 핵심은 즉흥과 스윙(Swing)이다. 그러나 즉흥 조차 익숙하게 들린다는 건 아이러니다. 물론 그 익숙한 흔들림이 언제나 뜨겁지만.

이번 세계일주 중 서너번즘은 재즈를 들을 기회가 있었다. 그러나 한번도 듣진 않았다. 돌이켜보면 신기한 일인데도 그랬다.

한번 더 적는다. 재즈는 새벽의 노래다.

객지에서의 새벽은 위험한 혹은 위험할 수도 있는 시간이다. 몸이 달아오를 때 쯤 자리를 뜨기보단 안듣는게 낫다고 생각했었나보다. 결국 이날은 참지 못했지만.

새벽 3시에 끝나는 공연의 열기가 더해간다. 그렇지만 나서야 한다. 잠깐 들른 화장실서 윈튼 마샬리스가 이곳에서 데뷔했다는 포스터를 본다.

출구를 열며 눈에 띈 런더녀들을 시샘하듯 흘겨본다. 아무도 신경쓰진 않는다.

2015.9.3.08:46AM(한국시간기준). 영국 런던 겔레트 게스트하우스에서 작성.

죽은 아이를 그리는 노래

　며칠을 머무른 런던. 한때 세상을 지배했던 나라의 수도이자 신구조화가 뛰어난 오래된 도시다. 분명 많은이들이 공들여 조금씩 보완해왔을 아늑한 편리함이 매력이다. 새와 동물도 사람을 피하지 않는다. 9월 4일 마지막으로 알찬 하루를 보낸다.

　이른 아침 튜브(Tube, 지하철)를 타고 시내로 이동하는 길. 무료로 배포되는 조간신문에서 시리아 아이의 비극적인 죽음에 대한 기사를 연이틀 접한다. 전날 1면엔 아마도 참혹할 죽은아이의 얼굴이 보이지 않게 터키 경찰관이 시체를 들고있는 사진이 실렸고, 이날은 살아있던 아이의 귀여운 모습이 담겼다. 두 사진간의 거리가 아득했다.

　전날 1면 제목은 '유럽은 이 아이를 구하지 못했다'였고 이날은 '세계를 부끄럽게 한 작은 소년'이다. 비극이다. 뒷면 박스기사엔 베트남전쟁 당시의 슬픔

을 담은 유명한 사진 등 역사를 바
꾼 장면들이 인쇄됐다.

때론 한장의 사진이 글보다 강하
다. 아마 더 외면하긴 힘들겠지. 그
리고 무엇보다 명복을.

1800년대에 생겼다는 캠든마켓
(Camden Market)으로 이동해 조카들
을 위한 작은 선물을 구입한다. 이곳에

비극적인 죽음을 당한 시리아 아이의 소식을 전하는
영국 일간지.

서 버스를 잡아타고 노팅힐로 이동하는데 중간 정차역명이 애비로드(Abbey
Road)다.

안 가려던 곳인데도 홀린듯 내린다. 영국 밴드 비틀즈가 지났던 횡단보도엔
그들은 없다. 손을 꼭 잡은 연인들이 길을 건넌다.

장르를 불문한 뛰어난 음악가들이 녹음작업을 했고 지금도 하고있는 애비로
드스튜디오 앞 대문엔 '여기 저기 그리고 어디에나(Here, There and Everywhere)
낙서하지 말라'는 아름다운 비틀즈의 노래가사가 재치있게 담긴 경고문이 써
있다. 바로 옆에는 이를 비웃듯 '검은새가 난다(Black Bird Fly)'라는, 역시 비틀
즈의 노래 제목과 가사가 담긴 낙서가 보란듯이 적혀있다. 피식한다.

이후 이동한 노팅힐에서 몇년전 들렀었던 레코드가게로 들어선다. 1층에 있
었던 클래식 코너는 지하로 밀려났다. 30여분을 고심한 끝에 10장중 2장만 손
에 쥔다. 위대한 바이올린 연주가 나단 밀스타인과 에리카 모리니의 아름다운
바하 이중 협주곡과 헝가리 피아니스트 아니 피셔의 모차르트 협주곡이다. 흡

족해한다.

가게를 나서 골목길로 접어드는데 이날밤 프롬스 페스티벌에서 연주하는 세계적인 피아니스트 미츠코 우치다 여사(Mitsuko Uchida, 1948~)를 우연히 마주친다. 공연 몇 시간 전이다. 말을 붙여볼까 하다가 관둔다. 짐가방을 끌고가는 그녀의 뒷모습은 영락없는 여행자다.

밤 8시경. 유명 백화점인 헤롯(Harrod)에 들어선다. 처음보는 물품들을 접하며 대한민국과의 소득 격차를 실감한다. 돈은 없다고 죽지는 않겠지만, 많다면 품위유지에 보탬이 될 것이다. 다만 정직한 돈이라면….

밤에 돌아온 게스트하우스 1층 주점에선 금요일을 맞아 파티가 열렸다. 흥겨운 음악에 동네가 떠나갈 듯하다. 나이불문, 국적불문. 주민들이 여행자들과 함께 어울린다. 흑맥주 기네스를 마시며 다음날 새벽 아일랜드까지의 이동 루트를 점검한다.

시간엔 동정심이 없지만 잠은 나를 찾지 않는다. 침대에 누워 이어폰을 귀에 꼽는다. 『죽은아이를 그리는 노래』를 듣는다. 작곡가 구스타프 말러(Gustav Mahler, 1860~1911)가 죽은 자식을 그리며 쓴 절규다. 다시 한 번 명복을….

2015.9.5.08:31AM(한국시간기준).
영국 런던 넘버에잇 세븐시스터즈 게스트하우스에서 작성.

더블린 사람들, 산책

컴컴한 9월 5일 새벽 4시 30분. 영국 런던 외곽에 있는 게스트하우스의 문을 열고 길을 나선다. 이날의 첫 튜브를 타고 코치스테이션(버스터미널)에서 외곽지대 공항으로 가는 버스를 타야하기 때문이다. 최종 목적지는 아일랜드의 수도 더블린(Dublin)이다.

새벽 5시 정각에 지하철역 문이 열리고 10분 후 첫 지하철이 도착한다. 첫차의 풍경은 우리의 그것과 비슷하다. 피곤이 70이고 희망은 30이다. 6시에 버스가 출발한다. 런던 시내에서 1시간 30분 거리인 공항에 도착해 수속을 마치고 비행기에 몸을 싣는다. 죽은 듯 잠든다.

두어시간 후 도착한 더블린은 화창하다. 기지개를 켠다.

유럽에서의 마지막 나흘이다. 여독도 풀겸 세계일주 중 가장 좋은 숙소를 잡았다. 공항에서 버스와 기차를 타고 도착한 숙소 인근은 부유한 동네다.

더블린 시내의 유명 술집 템플바.

기차에서 내려 호텔까지 10여분을 걷는다. 영국보다 색은 더 짙은데 한가하다. 작은 개울이 보인다. 백조가 떠있다. 그림처럼 아름답다.

도착한 호텔엔 나이든 유러피언들이 많다. 호텔 주변엔 아무것도 없다. 대형버스가 오고가며 투어하는 숙박객들을 실어나른다. 오가는 노인들을 본다. 방으로 올라와 오랜만에 욕조에 몸을 담근다.

2시간 잠을 청한 후 밖으로 나선다. 작은 개울 옆 좁은 길이 동네 중심가까지 귀엽게 나있다. 20여분을 걷는다. 여행이 아니라 휴가를 온 듯 긴장이 풀린다.

다리 옆 펍(Pub)에 들어선다. 오후 5시밖에 안됐는데 대부분은 취해있다. 펍 안에는 아이들부터 노인까지 모든 연령, 모든 성별의 사람들이 떠들썩하다. 해물차우더와 닭날개 그리고 기네스를 주문한다. 풍성하게 먹고 마신다.

럭비 경기가 생중계되고 있다. 아일랜드를 오랜 세월 지배했던 영국은 축구의 종주국이다. 여긴 럭비가 인기다. 럭비는 발만쓰는 축구와는 달리 양손과 두발을 모두 사용한다. 더욱 남성적이다. 더블린팀이 한 골을 넣을때마다 가게

'사표' 쓰고 지구 한 바퀴

더블린 트리니티 칼리지 도서관. 고서의 향기가 그윽하다.

더블린 대학가의 길거리 연주자, 더블린 거리 연주자들은 실력이 매우 뛰어나다.

더블린 중심가에 있는 대표 소설가 제임스 조이스의 동상.

안이 환호성으로 가득찬다.

부른 배를 두드리며 장을 보고 개울을 따라 산책을 시작한다. '더블린 사람들'의 에피소드들을 떠올리며 발걸음을 늦춘다.

해가 서서히 기운다. 방으로 돌아와 책을 펼친다.

'유리창을 무언가가 몇 번 가볍게 치는 소리에 그는 창문 쪽으로 돌아누웠다. 눈이 다시 오기 시작했다. 그는 졸리는 눈으로 은빛 나는 어두운 색 눈송이가 가로등에 비스듬히 내려앉는 것을 지켜보았다. 서쪽으로 여행을 시작할 때가 온 것이었다.

그렇다, 신문이 옳았다. 눈은 아일랜드 전역에 내리고 있었다. 눈은 음울한 중부 평야 구석구석 에도 나무 없는 구릉지대에도 내리고, 앨런의 늪에도 소리 없이 내리고 더 멀리 서쪽으로 섀넌 강의 어둡고 거친 물결 위에도 소리 없이 내리고 있었다.

눈은 또한 마이클 퓨리가 묻혀있는 언덕 위 그 쓸쓸한 교회 부속 묘지 구석구석에도 내리고 있었다. 기우뚱한 십자가와 묘석 위에도 작은 출입문 위에 뾰족한 쇠창 위에도 그리고 앙상한 가시나무 위에도 눈은 바람에 나부끼며 수북이 쌓이고 있었다.

눈이 온 세상에 사뿐히 내려앉는 소리를 그가 듣고 있는 사이에 그리고 그들 최후의 종말이 내리듯, 눈이 모든 산 이와 죽은 이들 위에 사뿐이 내려앉는 소리를 듣고 있는 사이에 그의 영혼은 서서히 스러져갔다.'

— 죽은자, 제임스조이스

'사표' 쓰고 지구 한 바퀴

뉴욕, 딸기밭이어 영원히

　압도됐다. 9월 9일 해질무렵 미국 뉴욕 타임스퀘어(Time Square) 한복판. 너무 높은 빌딩사이 너무 많은 전광판 아래 너무 많은 사람들이 들썩거린다. 빈의자에 앉아서 숨을 고른다. 필자는 촌놈이 됐다.

　이날은 아침부터 바빴다. 전날 아일랜드 더블린에서 노르웨이 오슬로(Oslo)를 거쳐 10시간 비행 후 뉴욕에 도착해서다. 깊이 잠들었다.

　다음날 이른 새벽 숙소를 나서 인근 센트럴파크(Central Park)를 걷는다. 많은 뉴요커들이 달리고 있다. 운동을 하거나 출근을 하는 모습이다. 공원 옆 구겐하임미술관(Guggenheim Museum)과 메트로폴리탄박물관(Metropolitan Museum of Art)을 연달아 둘러봤다. 구겐하임 일층엔 피노키오가 죽어있다. 작품 제목은 『아빠 아빠』다. 결국 버림받은 걸까.

　메트로폴리탄선 앞서 독일서 놓쳤던 화가 히에로니무스 보슈의 『지옥도』

언제나 정신없는 뉴욕 타임스퀘어.

'사표' 쓰고 지구 한 바퀴

를 자세히 들여다본다. 바늘처럼 작은 아담과 이브가 팔을 활짝 벌리고 구원을 청하고 있다. 그들은 무얼 바랐을까. 렘브란트, 고흐, 베르메르는 여전히 각각의 색을 뽐낸다.

뉴욕 센트럴파크 내 가수 존 래넌을 추모하는 스트로베리 필즈.

다시 들어선 공원에서 길을 잃는다. 30여분을 헤매다가 가수 존 래넌을 추모하는 스트로베리필즈 (Strawberry Fields)에 우연히 들어선다. 그의 명곡 『Imagine』이 적힌 바닥 명판 위로 누군가 노란꽃잎을 뿌려뒀다. 사람들이 그위에 드러누워 기념촬영에 바쁘다. 나이가 지긋한 한 여행자가 기타를 튕기며 비틀즈를 열창한다. 꽃잎이 바람에 실려간다.

영국인 존래넌은 뉴요커로 죽었다. 그가 있던 고아원의 이름이자 비틀즈 최고의 곡 『Strawberry fields forever(딸기밭이여 영원하라)』를 떠올린다. 국내 오아시스 레코드에서 출반한 베스트 음반에 기록된 이 음악을 기억한다. 이곡 중간엔 거센 첼로가 갑자기 등장하는데, 싸구려 엘피 특유의 거친 소리가 감정을 끌어올리곤 했다. 20여년간 그 소리는 대부분 기쁨이었고 가끔은 서글펐다.

해질무렵 도착한 타임스퀘어에선 천지창조를 본듯, 바벨탑을 보는 듯 분위기에 압도된다. 인구 오천만의 작은 나라인 우리의 기업들도 대단하구나. 곳곳에서 눈에 띈다.

늦은밤 지하철을 타고 숙소로 돌아온다. 방문 앞에 고양이 한마리가 우릴 지켜보고 있다. 인형처럼 꿈쩍도 하지 않았다.

2015.9.10.9:46PM(한국시간기준), 미국 뉴욕 브로드웨이 호텔에서 작성.

뉴욕 센트럴파크 내 스트로베리필즈의 바닥. 존 레넌의 대표곡 Imagine 위로 꽃잎이 놓여있다.

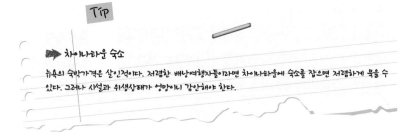

TIP

차이나타운 숙소

뉴욕의 숙박가격은 살인적이다. 저렴한 배낭여행자들이라면 차이나타운에 숙소를 잡으면 저렴하게 묵을 수 있다. 그러나 시설과 위생상태가 엉망이니 감안해야 한다.

'사표' 쓰고 지구 한 바퀴

빌리지뱅가드에서 젖다

차이나타운에서 재즈바 빌리지뱅가드(Village Vanguard)까지 빗속을 걸었다. 9월 10일 아침 미국 뉴욕 어퍼웨스트 인근의 한 호텔. 찌푸린 얼굴로 잠에서 깬다. 짐을 꾸려 차이나타운으로 이동해야 하는데 많은 비가 내리고 있어서다.

며칠 후 시작되는 중남미 일정의 무사완주를 위해 뉴욕에서 숙박비를 절약 키로 K와 합의했던 터다.

우비 위에 배낭을 둘러메고 지하철을 갈아탄 후 차이나타운이 있는 그랜드 스트리트 역에 내린다. 지하철 문이 열리자마자 수산시장을 방불케 하는 비린 내가 코를 찌른다. 지상으로 올라서니 사람도 간판도 공기도 진짜 중국이다. 알파벳보다 한자가 많고 수많은 중국인들은 저마다 바빠 보인다.

"여기가 바로 뉴욕일세!" 한 중년의 서양남자가 뒤따르던 어린 남자에게 웃으며 소리친다.

뉴욕 차이나타운 초입부.

1980~1990년대 '디스토피아'를 묘사한 영화들에서 흔히 보이던 풍경이다. 그 어떠한 일이 일어나도 이상하지 않을 듯한. 멈추지 않는 비가 기묘한 느낌을 더한다. 중국계 이민자가 많은 서울 가리봉동의 모습도 겹쳐진다.

예약해둔 저렴한 호텔을 찾아 간단한 수속을 마치고 방을 둘러본다. 청소가 한창인데도 좁고 더러워 청소의 결과물이 기대되진 않는다.

짐을 맡기고 숙소앞 일본 라멘집에 들어서 라멘 두그릇을 주문한다. 잠시후 청경채와 고수가 잔뜩 들어있는 국적불명의 국수가 나온다. 그런데 맛은 좋다.

지하철을 타고 센트럴파크 인근 자연사박물관을 바쁘게 둘러본다. 서너시간 후 다시 지하철을 타고 그리니치빌리지(Greenwich Village)로 이동한다. 과거 포크 가수들을 비롯한 예술가들의 활동무대다.

이어 재즈바 빌리지뱅가드까지 걷는다. 기라성같은 음악가들이 80년 동안 이곳에서 연주했다. 피아니스트 빌에반스와 색소포니스트 존콜트레인은 유명한 실황음반도 남겼다.

비는 종일 멈추지 않았고 우비를 깜빡한 우리는 어느새 홀딱 젖어 있었다.

저녁 7시 30분 빌리지뱅가드에 앉아 옷을 말린다. 밤 8시 30분 드디어 시작

'사표' 쓰고 지구 한 바퀴

된 피아노 삼중주에 우린 다시 젖는
다. 콜 포터, 레오나드 번스타인 등 미
국인의 노래가 흐른다. 오랜만에 와인
을 마시며 몸을 데운다.

음악과 비에 젖어 밤늦게 돌아온 숙소
서 바퀴벌레와 조우한다. 두어달만에 살
생한다.

앞서 자연사박물관에서 둘러본 '극한환
경에서 사는 생물들' 특별전을 떠올린다.
이곳에서 자야하는 나도, 전세계 차이나타
운 속 중국인도, 바퀴벌레도 모두 전시대
상이 아니었을까.

콜트레인을 들으며 잠을 청한다.

2015.9.11.2:30PM(한국시간기준),
미국 뉴욕 옳드호텔에서 작성.

비오는 저녁 뉴욕의 재즈클럽 빌리지 뱅가드.

재즈클럽 빌리지뱅가드 앞에서 공연을 기다리는
뉴요커들.

추모열기에 쌓인 9·11 테러박물관

강한 나라를 본다. 9월 11일 아침 7시. 미국 뉴욕 차이나타운에 있는 허름한 숙소에서 눈을 뜬다. 우려했던 벌레의 습격은 밤새 일어나지 않았다. 쾌적한 느낌마저 든다. 환기가 잘돼 이틀전까지 묵었던 호텔보다 숨쉬기가 편했기 때문이다. 앞서 아프리카 국경지대와 일부 인도, 동남아시아에서 묵었던 엄청난 숙소들에 비하면 여긴 5성급 호텔이다.

뉴욕에선 여행자에서 관광객으로 잠시 탈바꿈해야 한다. 볼것이 많아서다. 부지런히 길을 나서 자유의 여신상(Statue of Liberty)이 서있는 리버티 아일랜드(Liberty Island)로 향한다. 남쪽 항구에서 배를 타고 리버티 아일랜드로 향하는 중 더 화창해지는 하늘을 보며 가슴이 들뜬다. 부푼 꿈을 안고 미국에 들어오던 이민자들이 보던 풍경이란다.

여신상을 살펴보고 바로 옆 엘리스아일랜드(Ellis Island)로 간다. 여긴 과거 이

민국이 있었던 곳으로 지금은 이 건물이 이민박물관으로
쓰인다. 그곳에서 20세기 초반 이민자들의 모습을 담은 다
큐멘터리를 본다.

"그들이 먹을 것을 줬는데 처음엔 먹질 못했어요. 저
는 한번도 바나나를 본적이 없었거든요."

"경찰이 우리를 도와주는 존재라는 것, 그리고
자유롭다는 것. 이 두가지는 상상조차 해본적이
없었답니다."

자유의 여신상.

영화 속 이민자들의 회상이다. 살아남아야 자유
로울 수 있다. 여긴 그들에게 모든 걸 줬다. 옆자리서 다
큐를 보던 늙은 미국인의 표정이 흐뭇하다.

다시 배를 타고 남쪽 항구로 돌아와 월스트리트(Wall Street)까지 걷는다. 10
여분을 걸으니 황소상과 증권거래소가 보인다. 재복을 준다는 황소 불알은 많
은 관광객의 손길로 쉴틈이 없다. 점잖게 다가가 슬쩍 주물러본다. 돈기운이
붙었을까.

거래소 앞 건물에 올라 뒷통수에 손을 얹고 거리를 바라본다. 나이키 주가는
폭락했고 유대인 학생들은 전통춤을 춘다. 한 잡상인이 100달러 지폐를 크게
복사한 수건을 들고 "10달러! 10달러!" 계속 외친다. 아무도 신경쓰진 않는다.
한국에선 불법인데 여기선 어떨지.

계속 걸어 9.11테러 추모박물관에 도착한다. 마침 이날은 9·11테러부터
딱 14년이 지난 날이다. 테러로 완파된 과거 월드트레이드센터 자리엔 인공

9·11 테러박물관 앞 옛 세계무역센터가 있던 자리에 누군가가 꽃을 가져다뒀다.

연못이 있다. 연못 아래로 물이 계속 쏟아져 내려 마치 폭포같기도 하고 눈물 같기도 하다.

연못 주변엔 사망자의 이름이 새겨져있고 그위에 각양각색의 꽃이 놓여 있다. 테러추모박물관도 이날은 유족만을 위한 공간이다. 들어갈 수 없었다.

수천명이 죽었지만 그들은 이 연못에서 영원히 기억되고 추모되겠지. 삼풍백화점을 떠올린다. 땅값비싼 그 자리엔 지금 주상복합건물이 서있다. 이유야 어쨌건 우리와 미국은 달랐다.

조금 더 걷는데 작은 추모행사가 열리고 있다. 테러 당시 인명을 구하다가 본인의 목숨을 잃은 소방관들을 기리는 행사다.

'NO DAY SHALL ERASE YOU FROM THE MEMORY OF TIME(시간의 흐름조차 당신에 대한 기억은 지우지 못하리)'

박물관 벽에 적힌 로마 시인 버질의 글귀다.

지하철을 타고 엠파이어스테이트 빌딩(Empire State Building)으로 이동해 전망대로 오른다.

지난 1933년 역사상 첫번째 『킹콩(KingKong)』이 등장한 후 수많은 영화에 등장했던 장소다. 아래를 본다. 대자연의 풍경에 못지않은 압도적인 광경에 넋을 잃는다. 두어시간이 흐르자 해가 서서히 사라진다. 끔찍히 아름답다. 매년 이

'사표' 쓰고 지구 한 바퀴

날 밤마다 하늘로 솟아오르는 9 · 11테러 추모불빛도 눈부시다.

늦은시간 숙소로 돌아오는 지하철안. 다양한 인종과 눈이 마주친다. 저마다 각각의 소리로 떠든다. 검은아가의 눈망울이 물처럼 맑다. 선로 위로 커다란 쥐가 기어간다.

2015.9.12.1o:41PM(한국시간기준), 미국 뉴욕 월드호텔에서 작성.

월스트리트의 황소상.

Tip

➡️ 씨티패스

성인 한명에 미화 140달러를 내야하는 뉴욕 씨티패스를 구입하면 9일간 자유의여신상, 엠파이어 스테이트빌딩, 메트로폴리탄박물관 등 뉴욕의 주요 관광지를 할인된 가격으로 자유롭게 돌아볼 수 있다. 미국 주요도시엔 모두 이 씨티패스가 있다.

두 번의 현기증
라스베가스와 그랜드캐년

자유의 여신상과 에펠탑, 콜로세움을 한 곳에서 본다. 모두 조잡하다.

9월 13일 이른 아침. 미국 뉴욕 차이나타운에서 라스베가스(Las Vegas)까지
의 먼 길을 나선다. 지하철, 공항철도, 비행기, 미네아폴리스 공항에서 거쳐야
하는 환승까지 거의 12시간을 이동해야 한다.

뉴욕 지하철은 무척 더럽지만 이용에 큰 불편함은 없다. 공항철도는 빠르고
편리하다. 비행기를 타고 미네아폴리스에서 환승하는 중 시간이 남아 공항밖
으로 나서본다. 한여름 날씨인데 습도는 낮다.

환승한 비행기안에선 그랜드캐년(Grand Canyon)을 본다. 기암괴석이 인상적
이었던 터키 괴뢰메가 떠오른다. 조금 더 날아가니 대자연 한가운데 우뚝 서있
는 도시가 보인다. 수많은 호텔 간판들.

공항에 발을 디디자마자 눈에 띄는건 슬롯머신이다. 여기저기 슬롯머신이

그랜드캐년의 광활한 협곡.

많은데 일부는 유리벽 안에서 흡연까지 가능하다. 전지역 금연이 대세인 다른 선진국 공항에선 상상도 못할 일이다.

밖으로 나서 택시를 잡는다. 10여분을 달린 후 내리는데 팁을 깜빡했더니 내 또래의 잘생긴 기사가 "여긴 라스베가스입니다. 다음부터 조심하세요"라며 눈을 흘긴다. 조금 미안했지만 흘긴 눈이 너무 사나워 그냥 내린다.

도착한 호텔 마당엔 수영을 하거나 일광욕을 하는 사람들이 보인다. 세계일주 중 영국부터 아일랜드, 미국 뉴욕까지 꽤 쌀쌀했던 대기가 믿을 수 없을 만큼 뜨거워졌다. 사람들은 모두 즐거워보인다.

짐을 풀고 스트립(Strip)이라고 불리는 번화한 거리로 나선다. 수많은 호텔과 쇼핑몰이 뒤섞인 휘황찬란함이 꽤 인상적이다. 모조 자유의 여신상과 에펠탑, 트레비 분수, 콜로세움 등이 주요 지형물이다. 혹시 천년쯤 지나면 저것들도 가치있는 유적이 될 수 있는 것일까.

거리를 계속 걷는다. 수많은 인종이 뒤섞여 길거리 공연을 기다리고 있다. 정체불명의 음악이 도시를 울린다. 어지럽다.

다음날, 종일 그랜드캐년을 오가며 이국적인 광활함에 취했다. 라스베가스 숙소로 픽업을 온 투어버스에 몸을 싣고 그랜드캐년으로 향한다. 다른 여행객들과 함께다. 중간 중간 휴식시간을 포함해서 가는데만 6시간이 걸린다.

1~2시간을 달린 버스는 후버댐(Hoover Dam)에 정차했다. 대공황 시대에 건축된 이 댐은 지금도 라스베가스 전력의 3분의 1 가량을 공급하고 있다. 이를 내려다보며 인간의 힘을 실감한다.

이어 버스는 계속 달린다. 도로는 곧고 하늘은 너르다. 드문드문 보이는 작

'사표' 쓰고 지구 한 바퀴

라스베가스 중심거리 스트립. 가짜 에펠탑이 보인다.

불야성 라스베가스. 사진은 한
호텔의 지하로 인조하늘이다.

은 집들이 서부영화의 한장면를 연상케 한다. 여행자의 마음을 들뜨게 하는 시
원한 풍경이 이어진다.

　이어 버스는 미국의 '마더 로드(Mother Road)'로 불리는 '루트66(Route66)'에 정
차한다. 이곳은 미국 중서부 8개 주를 관통하는 도로인데 과거엔 동서를 잇는
유일한 길이었다고 한다. 미국인에겐 특별한 의미가 있어 지금은 하나의 브렌
드가 됐다. 국내 여기저기서도 이곳의 자동차번호판, 도로명표시판을 쉽게 볼
수 있다. 오래된 이발소안엔 제임스딘과 마릴린먼로 입간판이 서있다. 기념사
진을 남기려는 이들이 줄을 선다.

　간단한 도시락으로 배를 채우자 버스가 다시 달린다. 오후 2시 30분경 그랜
드캐년 국립공원에 들어서자 사슴무리가 우릴 반긴다. 이곳은 곰과 늑대 등 야
생동물의 천국이기도 하다.

공원은 광활한데 관람은 편리하다. 4개 노선으로 된 무료 셔틀이 몇분간격으로 구석구석을 잇는다. 휠체어에 의지한 노인분들이 셔틀서 내려 협곡을 감상하고 있다. 꼼짝도 안하고 휠체어에 앉아 대자연을 바라보는 서양 할머님의 뒷모습에선 모종의 위엄마저 느껴진다.

이곳의 곤순은 4월부터 9월이다. 비가 종종 내린다는데 이날의 하늘은 맑다. 햇볕의 움직임에 따라 시시각각 전경이 변한다. 고정된 시선이 오랜시간 움직일 줄 모른다. 곳곳에서 다람쥐가 두발로 선채 애교를 부린다. 다람쥐가 위험하니 절대 먹이를 주거나 만지지 말라는 한글 간판도 보인다.

저녁 6시경 그랜드캐년서 출발한 버스는 밤 11시경 숙소에 도착한다. 간단한 샤워 후 다음 여정지까지의 이동루트를 점검한다.

드디어 중남미의 첫나라 멕시코다. 다시 시작이구나. 설렘반 긴장반 속 잠을 청한다.

2015.9.16.12:41AM(한국시간기준).
미국 라스베가스 데이즈 인 와일드와일드웨스트 호텔에서 작성.

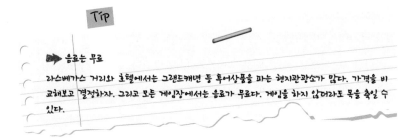

➡ 음료는 무료
라스베가스 거리와 호텔에서는 그랜드캐년 등 투어상품을 파는 현지관광소가 많다. 가격을 비교해보고 결정하자. 그리고 모든 게임장에서는 음료가 무료다. 게임을 하지 않더라도 목을 축일 수 있다.

'사표' 쓰고 지구 한 바퀴

아름다운 하늘
중미 멕시코로

유럽과 북미에서의 마지막날이 편안하다. 오랜만에 수영하고 멕시코 노래를 듣는다.

9월 16일 오후 3시 미국 라스베가스의 한 대형 호텔 안. 마지막을 기념해 배부르게 뷔페를 즐겼다. 어둑한 한 켠에서 왁자지껄한 함성과 함께 합창이 들려온다. 다가가보니 관광객 50여명이 반주에 맞춰 『아름다운 하늘(Cielito Lindo)』을 소리높여 부르고 있다. 모두의 얼굴엔 웃음이 가득하다.

이 노래는 '멕시코의 아리랑'으로 잔잔한 평화로움을 그린 선율이 인상적이다. 일종의 느긋함인데, 이 나라 음악의 특징이기도 하다. 유명한 『마리아 엘레나(Maria Elena)』가 좋은 예다. 다음날 당도할 중남미 첫 여정지의 음악을 우연히 접하니 감회가 더욱 깊었다.

세계일주 중 만났던 많은 이들이 풍광과 인심 그리고 음식까지 훌륭하다며 멕시코를 중남미 국가 중 첫손에 꼽았다.

다음날 약 4시간을 비행한 후 출입국 수속을 밟으려 멕시코의 수도 멕시코시티(Mexicocity) 공항청사로 들어서자마자 반가운 한글이 보인다.

'환영' 주변은 온통 삼성 간판 천지다. 스마트폰과 대형스크린 위주다. 대한민국 참 대단하다. 앞서 멕시코의 출입국 수속이 까다롭다고 들었는데 별다른 질문도 없이 도장을 찍어준다.

택시를 잡아타고 이동한다. 날이 선선하다. 쾌적하게 20여분을 달리는데 길거리 가게들은 모두 문을 닫았다. 평일 저녁답지 않은 적막함이 감돈다. 마침 내리기 시작한 비가 이런 느낌을 더한다.

저녁 7시경 예약해둔 호텔에 도착해 방을 잡는다. 저녁도 먹을겸 인근 소깔로(Zócalo) 광장을 향해 걷는다. 이곳은 멕시코시티의 중심이다. 고풍스런 건물

멕시코시티에서 가까운 테오티와칸 유적지의 모습. 하루정도 날을 잡으면 다녀올 수 있다.

멕시코시티의 중심광장을 군인들이
가로지르고 있다.

멕시코시티의 헌책골목.

들이 동유럽과 쿠바를 동시에 연상시킨다. 다만 곳곳에 걸린 대형국기가 이곳이 멕시코임을 웅변한다.

10여분을 걸어 도착한 소깔로 광장은 상당한 규모다. 성당과 왕궁이 주변을 둘러싸고 있다. 젊은이들은 비를 맞으며 스프레이 눈을 뿌린다. 만면엔 웃음꽃이 활짝폈다. 아이들은 길다란 풍선을 던지며 마구 달린다. 평일밤의 풍경이라고 하기엔 모두 너무 들떠있다.

이날은 바로 멕시코가 스페인으로 부터 독립한 독립기념일이었다. 앞서 미국 라스베가스에서 수많은 멕시코인들이 모여서 노래하던 진풍경을 떠올린다. 대한민국 광복절의 엄숙한 풍경과는 조금 다르지만, 이들에게도 역시 그지없이 기쁜날일 것이다.

어느새 밤이 찾아왔다. 창밖엔 아직도 비가 내리고 있었다. 한 남자가 길 건너 대형 국기 아래서 목청껏 노래했다. 그는 분명 취한 듯했다.

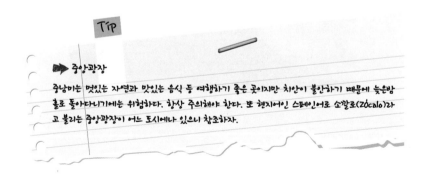

Tip

➡ 중앙광장

중앙에는 멋있는 자연과 맛있는 음식 등 여행하기 좋은 곳이지만 치안이 불안하기 때문에 늦은밤 홀로 돌아다니기에는 위험하다. 항상 주의해야 한다. 또 현지어인 스페인어로 소깔로(Zocalo)라고 불리는 중앙광장이 어느 도시에나 있으니 참조하자.

'사표' 쓰고 지구 한 바퀴

프리다칼로의 파란집, 사랑과 고통

그는 몸이 불편했다. 침대 바로 위에 거울을 붙이고 자신의 얼굴을 꼼꼼히 살폈다. 결코 시선을 돌리지 않았다. 화가였던 그가 남긴 결과물은 대부분이 고통이었다.

9월 18일 오후. 멕시코 멕시코시티 남부에 위치한 파란집(프리다칼로 박물관)을 둘러본다. 이 집은 멕시코가 낳은 세계적인 예술가 부부 디에고리베라(Diego Rivera, 1886~1957)와 프리다칼로(Frida Kahlo, 1907~1954)가 육체적·개인적·예술적·정치적으로 파란만장했던 그들의 생애에서 어쩌면 가장 행복했을 시절을 보낸 장소다.

그들이 살던 2층 건물엔 침실이 있고 부엌이 있고 커다란 작업실이 있다. 부엌엔 그들의 이름이 크게 적혀있고 작업실엔 고서가 가득하다. 침실엔 축음기가 있다. 유적·미술·조각품도 다수다. 이름 그대로 파란 이 공간은 누가봐도

멕시코 멕시코시티 프리다칼로 박물관
에 있는 프리다칼로의 침대.

예술가의 그것이다.

프리다칼로의 삶은 처절했다. 그녀는 18세
어린 나이에 버스 스테인레스 손잡이가 복부
를 관통하는 큰 부상을 입어 평생 척추장애를
앓았다. 최말년엔 다른 병에 걸려 오른발을 절
단했다. 불편한 몸에 선천적인 자궁 기형까지
있어 세 번이나 유산했다.

바람둥이였던 남편 디에고리베라는 프리다
칼로에게 평생 중요한 역할을 했던 그의 친여
동생(처제)과도 깊은 관계를 맺었다. 공산주의
와 혁명 등 워낙 힘든 시절이기도 했다. 프리
다칼로는 그와 이혼한 후 한 남성이 한 여성을
칼로 난자한 잔혹한 그림을 남겼다.

그럼에도 불구하고 후일 그들은 재혼했다.

프리다칼로는 1954년 사망했지만, 그녀를 둘러싼 이야기들은 지금까지도
많다. 공산주의자, 앙드레브레통을 비롯한 유명인들과의 염문, 그리고 패미니
즘의 선두주자까지…. 일자눈썹에 콧수염까지 난 그에 대한 평전 등 여러 글과
영화도 있다.

화가는 그림으로 말한다.

프리다칼로의 처절한 삶은 그의 작품들에 남김없이 기록됐다. 대부분이 자
화상인데 상상조차 싫었을 기억을 고스란히 응시한다. 성기에선 피가 흐르고

'사표' 쓰고 지구 한 바퀴

프리다칼로 박물관에 있는 그녀의 작품.

프리다칼로 박물관에 있는 프리다칼로의 사진.

척추는 관통됐다. 뱃속에 있었을 아기는 하늘에 둥둥 떠있다.

적어도 내겐 타인의 불행이 기쁠때도 많았다. 그러나 그의 육체적, 정신적 고통은 너무 처절해 그저 끔찍할 따름이다.

프리다칼로의 자화상은 렘브란트의 은은한 자아성찰이 아닌, 관람자에게 직접 말을 거는 듯한 직설적인 표현이 특징이다. 색은 멕시코의 색이다. 물감위에 진흙을 바른 듯한.

현재 그의 작품은 130여점이 남아있다고 한다.

미술사, 건축사에서 대단한 거물이었던 디에고리베라는 프리다칼로가 죽자 1년 후 그녀의 부탁을 받은 이와 재혼했으며 2년 후 숨을 거뒀다.

"지금 이순간도 내가 당신을 처음 만나고 사랑에 빠진지 5분밖에 지나지 않은것 같답니다."

파란집에서 촬영된 이들 부부의 흑백사진 아래 적힌 디에고리베라의 말이다. 적어도 이 사진속의 그들은 그저 행복해 보인다.

2015.9.19.12:09PM(한국시간기준). 멕시코 멕시코시티 호텔 프린시플에서 작성.

프리다칼로 박물관 전경.

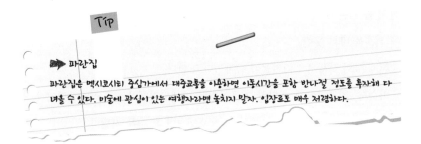

Tip

➡ 파란집

파란집은 멕시코시티 중심가에서 대중교통을 이용하면 이동시간을 포함 반나절 정도를 투자해 다녀올 수 있다. 미술에 관심이 있는 여행자라면 놓치지 말자. 입장료도 매우 저렴하다.

'사표' 쓰고 지구 한 바퀴

와하까, 작은 사람들

터미널에 발을 디디는 순간부터 느낌이 좋았다. 고지대 특유의 가까운 햇살 때문이었을까.

9월 21일 오후 멕시코 중남부의 작은 도시 와하까(Oxaca)를 이틀째 둘러본다. 이곳은 십수개의 소수민족이 모여사는 작은 마을이다. 고유문화가 살아있다보니 모국어인 스페인어를 구사하지 못하는 인구도 꽤 된다고 한다.

동네는 바둑판 모양으로 골목길이 가지런하다. 길목 곳곳엔 크고 작은 시장이 자리잡고 있다. 톡톡 튀는 여러 색의 낮은 건물들 사이로 구석구석을 구경하는 재미가 쏠쏠하다. '가장 멕시코다운 도시'라는 별칭을 실감한다.

이에 일부 장기여행자들은 멕시코에서 이웃나라 과테말라로 내려가는 관문도시 격이자 유명한 관광지인 산크리스토발(San Cristobal)보다 이곳을 선호하기도 한단다. 더 남쪽으로 내려가면 서핑을 즐길 수 있는 해변이 나온다.

멕시코 와하까 거리에
서있는 올드카.

멕시코 와하까에서 매일
열리는 무료공연.

멕시코 와하까 재래시장에
전시된 여러 가지 술. 메즈칼
이라는 술이 아주 향긋하다.

멕시코 와하까 중심광장의 모습.

'사표' 쓰고 지구 한 바퀴

여정이 길어질수록 유명 관광
지보다 이런 마을에 목이 마를
때가 있다. 저녁을 먹으러 나선
중심가 소깔로(Zócalo) 광장에선
서커스가 열리고 있다. 대한민국
에선 사라져버린 정겨운 풍경이다.

멕시코 와하까의 현지인 식당.

시장에선 십수년만에 분필을 만
져보기도 한다. 곳곳에선 기타를 둘
러멘 이들이 여러 장르의 음악을 연주하고 노래한다. 해가 질 무렵 소깔로에선
일부 노인들이 차차차를 춘다.

이곳 사람들은 키가 작다. 비율은 그대론데 압축된 느낌이랄까. 시장터 할머
님들의 신장은 얼추 130cm 가량. 남성은 평균 160cm 정도로 추정된다. 높이
가 낮은 숙소 계단을 한발 한발 오를때마다 걸리버가 된 듯한 느낌을 받는다.

그러나 작은 그들의 친절함은 그 크기가 무척 컸다. 필자도 스스로 더욱 몸
을 낮췄음은 물론이다.

TIP

▶ 매일이 축제

와하까 중심가 소깔로광장 메인무대에서 365일 무료 공연이 열린다. 음악은 중남미 특유의 우아
한 볼레로풍이 많고 기타가 중심이 되는 흥겨운 곡도 있다. 메인무대 근처에서도 서커스와 록음악 등
다양한 공연이 열린다. 매일이 축제인 셈이다.

시위대에 발이 묶이다

난데없이 만난 시위대에 긴장하며 중남미에 와있음을 실감했다. 고향에도 떠있을 한가위 보름달을 보며 소원을 빌었다.

9월 25일 오후 멕시코 남동부의 소읍 산크리스토발(San Cristobal) 인근 수미 데로 협곡. 이곳의 언어인 스페인어로 '물이 아래로 흐른다'는 의미의 관광지 다. 수면과 절벽의 격차가 최고 1킬로미터에 달하는 볼만한 장소다.

사흘전 밤늦게 와하까에서 출발한 밤샘버스는 과테말라와의 국경인근 도시 산크리스토발까지 꼬박 10시간이 걸렸다. 도착시간은 이틀전 아침 8시경. 이 곳은 해발고도 2000미터가 넘는 고산지대로 기온은 쌀쌀한데 햇볕은 뜨겁다. 기후가 건조해 쾌적하고 벌레도 없다.

손바닥만한 마을이라 터미널에서 숙소까지 걸어서 도착한다. 숙소는 공용욕 실과 공용화장실이 있는 전형적인 여행자의 공간이다.

수미데로 투어와 다음 방문국가인 과테말라까지의 여행자버스를 함께 예약한다. 간단히 아침을 챙기고 샤워한 후 동네를 둘러본다.

전형적인 콜로니얼 도시(Colonial City, 식민지배 흔적이 남아 있는 도시)인데 얼굴색이 다른 관광객이 수도인 멕시코시티보다도 많아 보인다. 곳곳에 있는 보행자전용도로와 근사한 카페들이 이런 느낌을 더한다.

이른바 '히피들의 성지' 중 하나로 알려진 이 도시는 장기여행자가 쉬어가기 딱 좋은 느낌이다. 저렴한 물가, 아름다운 풍광, 맛있는 음식, 온화한 기후까지. 이곳에서 일주일 체류는 명함도 못내밀 정도랄까.

다음날 아침 9시. 예약해둔 수미데로 투어에 나선다. 숙소로

멕시코 산크리스토발의 거리.

탱고춤에 여념없는 연인.

픽업을 온 미니버스엔 각국 여행자 이십여명이 타고 있다. 미니버스에 몸을 싣고 한시간 가량을 달린다. 투어 가격은 1인당 1만5000원으로 적당한 수준이다.

보트로 갈아타고 두어시간 장대한 협곡을 둘러본다. 처음 흙탕물이 계곡으로 접어들수록 맑아진다. 자연의 힘이다. 물가 곳곳엔 악어가 있다.

투어를 마친후 협곡에서 오후 2시 30분에 출발한다던 차량이 도로에 문제가 생겨 4시에 출발한다고 한다. 강가에 앉아 경치를 감상한다. 4시에 차량에 탑승해 고속도로 입구에 도착했는데 큰 차가 길을 막고 서있다.

얼핏 들어보니 일부 시민단체가 정부의 세금정책에 반대하는 시위를 벌이고 있어 무척 위험하단다. 이곳이 중남미임을 새삼 실감한다.

차안에서 몇시간을 그냥 보낸다. 답답해서 왔다 갔다 주변을 걷는다. 우리의 버스 뒤로는 여러 종류의 차량이 수백미터가량 줄서있다. 일부 서양인들은 술을 꺼내 축제분위기를 낸다. 사실상 위험한 상황이었는데도 그랬다.

어느덧 해가 지고 달이 뜬다. 일부 현지인들은 짐을 싸들고 어디론가 걷기 시작한다. 그들은 어디로 가는 걸까.

문득 하늘을 보니 보름달이 떴다. 고국은 곧 한가위로구나. K와 함께 각자의 소원을 빈다. 가족과 지인들 모두 행복하길.

어느덧 밤 10시가 됐는데도 길은 열리지 않는다.

갑자기 투어를 함께했던 한 사내가 제안한다. 문제가 언제 해결될지 모른다며 인근 동네에서 하루를 자고 가던지, 아니면 6시간이 걸리는 비포장도로로 돌아 가잔다. 그런데 한 커플이 다음날 새벽 비행기를 타야해서 자고가는 건 무리란다. 결국 6시간 먼길을 택한다.

'사표' 쓰고 지구 한 바퀴

원주민인 인디오들이 이용하는 좁은 길을 달린다.

대부분 비포장이라 6시간 내내 차가 쾅쾅소리와 함께 점프한다. 가는 길은 곳곳에 차가 멈춰있고 현지인들은 여지없이 어디론가 걷고 있다.

잔뜩 긴장한 상태로 선잠을 잔다. 숙소에 도착한 시간은 무려 새벽 3시. 예정보다 딱 12시간이 더걸렸다.

이빨만 닦고 세계일주 중 처음으로 10시간 넘게 잠든다.

멕시코 산크리스토발-수미데로 협곡 사이의 도로. 시위대의 농성으로 길이 막혀있다. 여행객들이 차 밖에서 시간을 보내는 모습.

다음날 오후. 거리 공연을 보며 커피를 마신다. 일부는 길에서 탱고를 추고 카페에선 캐롤킹과 질베르토 그리고 거쉰이 라이브로 흐르고 있다.

몇 시간만 더 지나면 중남미의 두번째 나라 과테말라에 있을 터다. 여행하기 좋았던 멕시코에서의 마지막 하루가 지나간다. 모든 풍경이 찬찬히 흐른다. 언덕 위 성당에서 종소리가 들려왔다.

2015.9.27.05:48AM(한국시간기준) 멕시코 산크리스토발 카페 프라하에서 작성.

Ep. 073

걸어서 넘는 중미국경
과테말라로

걸어서 '중미' 국경을 넘었다. 멕시코부터 버스와 도보 등 총 10시간이 걸려 도착한 과테말라 빠나하첼(Panajachel)에는 장대비가 내리고 있다. 빠나하첼의 자랑이자 아름다운 호수라는 아띠뜰란(Atitlán) 감상을 다음날로 미룬다.

9월 27일 아침 7시 멕시코 남동부 산크리스토발(San Cristobal)의 모 게스트하우스 앞. 며칠전 예약해둔 과테말라 빠나하첼 행 여행자버스에 몸을 싣는다. 전날밤 게스트하우스 주인장이 건네 준 간식거리를 한아름 들고서다.

이 여행자버스는 인당 350페소(한화 약 2만4000원)인데, 멕시코 산크리스토발로부터 국경까지의 이동요금과 과테말라 국경부터 목적 도시까지의 이동요금이 모두 포함됐다.

물론 국경에선 걸어서 출입국 수속을 마쳐야만 한다. 멕시코는 전반적으로 여행자 물가가 저렴하지만 장거리버스 요금은 비싸다. 그나마 이 버스의 요금은 저렴한 편이다.

탑승한 버스엔 현지인 다섯명, 코스타리카 여성 두명, 미국 커플 한쌍, 일본 노인 한명, 필자와 K를 포함한 한국인 3명이 있다.

출발 2시간 후 휴게소에서 간단히 아침 겸 점심을 먹는다. 이후 12시경 멕시코 국경마을에 도착한다. 줄줄이 차에서 내려 짐을 들고 조막만한 출국사무소로 향한다. 출국세를 걷는 경우도 있다고 들었는데

멕시코–과테말라 육로 국경. 이미그레이션에 줄을 선 필자와 다른 여행객들.

다행히 그 누구에게도 이를 요구하지 않는다. K와 둘이서 한화 약 7만원을 절약하게 돼 쾌재를 부른다.

20여분이 걸려 모두가 출국수속을 마치고 걸어서 국경을 넘는다. 커다란 문이 있고 그 건너편에 '과테말라'라고 적힌 표지판이 보인다. 입국수속을 밟기 위해 과테말라 사무소에 들어서는데 공무원이 수수료로 인당 25페소(한화 약 1800원)를 요구한다. 이는 지난 3월 태국과 캄보디아 국경에서 캄보디아 공직자들이 요구했던 '부정한 1달러'와 같은 불법수수료다.

그럼에도 불구하고 모두는 과테말라가 치안이 불안한 나라임을 알고 있다. 국경에서 시간을 지체해 어둠이 내린 후 목적지에 도착해선 안된다. 일본 노인을 필두로 모두 군말없이 돈을 낸다.

20여분 후 모든 절차가 끝난다. 사무소 앞에 대기하고 있던 다른 버스에 짐을 싣고 탑승한다. 멕시코와 과테말라는 1시간 시차가 있어 아직 오후 12시다.

버스는 구불구불 산길을 거침없이 달린다. 창밖엔 수풀이 무성하다. 하나만 자라야할 공간에 뿌리가 서너개는 내려앉은듯 빽빽하나. 아프리카 이후 오랜만에 만나는 정돈되지 않은 자연을 느낀다.

5시간 가량을 달리는 중 귀가 먹먹하다. 스마트폰으로 확인해보니 해발고도가 2000미터에서 3000미터까지 점점 높아지고 있다.

오후 6시께 도착한 빠나하첼은 온통 안개로 뒤덮였다. 고산지대인 빠나하첼은 화산에 둘러쌓인 아띠뜰란 호수 접경 마을이다. 아쉽지만 호수도 화산도 안개속에 몸을 숨겼다.

버스에서 내려 배낭을 둘러메고 걷는다. 오랜만에 마주하는 시골마을이다. 물론 관광객을 위한 시설로 가득찬 개발된 시골이지만.

문득 반가운 한글간판이 눈에 띈다. 이곳이 좋아 커피숍을 차린 동포란다.

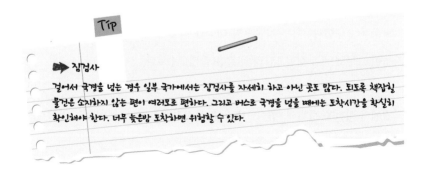

Tip

➡ 짐검사

걸어서 국경을 넘는 경우 일부 국가에서는 짐검사를 자세히 하고 아닌 곳도 많다. 되도록 책잡힐 물건은 소지하지 않는 편이 여러모로 편하다. 그리고 버스로 국경을 넘을 때에는 도착시간을 확실히 확인해야 한다. 너무 늦은밤 도착하면 위험할 수 있다.

'사표' 쓰고 지구 한 바퀴

과테말라의 특산품인 커피를 한잔 마신다. 피로가 약간 풀린다.

10여분후 숙소를 찾아 하염없이 걷는데 갑자기 장대비가 내린다. 호숫가 적당한 곳에 급히 방을 잡고 인근 식당에서 저녁을 먹는다.

식사 중 빗방울이 더욱 굵어지더니 금새 하늘이 무너진 듯하다. 거리는 물살이 빠른 계곡을 연상케 한다. 여기저기서 빗물이 거세게 넘쳐 흐른다. 숙소로 돌아오는길. 물살에 휩쓸려 발에서 도망치려하는 슬리퍼를 간신히 붙잡는다.

숙소로 돌아와 가요를 듣는다. 빗소리가 달콤하다.

'올라'
그림같은 산뻬드로

　과테말라 빠나하첼 아띠뜰란 호수 인근 숙소서 눈을 뜬다. 전날 밤새 퍼붓던
비가 그쳐 무척 화창하다.

　호숫가로 향한다. 5분을 걸어 도착한 푸르른 아띠뜰란 호수는 혹시 바다가
아닐까하는 생각이 들만큼 거대하다.

　하늘은 가깝고 3개의 큰 산이 호수를 감싸고 있다. 해발고도 3000미터가 넘
는 이곳은 과거 화산이 붕괴했던 장소다. 백두산 천지의 14배 규모라고 한다.
중미에서 손꼽히는 아름다운 호수다.

　멀리 보이는 뱃사람들이 이른 아침부터 분주하다. 동네를 돌며 환전정보 및
3일 후 수도 과테말라시티까지의 교통수단을 체크하고 간단히 아침을 먹는다.
교복을 입은 아이들이 반갑게 인사한다. '올라(Hola, 안녕)~'

　뱃사람들에게 배낭여행자들이 선호하는 산뻬드로(San Pedro)행 뱃시간을 묻

는다. 사람이 차면 언제든 계속 오고 간다는 답이 돌아온다. 여기저기서 알아본 편도 가격은 25께찰(한화 약 4000원)으로 다소 비싸다. 현지인가격은 훨씬 저렴하겠지만 말이다.

숙소로 돌아가 샤워하고 짐을 꾸려 선착장으로 나서 작은배에 몸을 싣는다. 어머니와 똑같은 남색 전통의상을 갖춰입은 여자아이가 배에 오르며 수줍게 인사를 건넨다. 이어 10여명이 배에 타는데 여행자는 우리밖에 없다.

10여분 후 물살을 가르며 배가 출발한다. 바람이 시원해 이어폰을 귀에 꽂고 음악을 듣는다. 꽤 빠른 속도로 20분을 이동하는데도 육지는 아직 멀다. 산뻬드로는 호수 북동쪽에 위치한 작은 마을일 뿐이다. 전체 호수의 거대한 규모를 상상해본다. 산뻬드로 선착장에 내려 배낭을 둘러메자마자 현지 호객꾼이 들러붙는다.

"어디로 가시나요."

과테말라 아띠뜰란 호수의 빼어난 절경.

"호수가 내려다 보이는 편하고 저렴한 숙소를 찾고 있습니다."

"따라오세요."

오랜만에 군말없이 호객꾼을 따라간다. 어차피 정해진 곳도 없으니.

10여분을 걸어 정글같은 마당이 너른 숙소에 도착한다. 소개받은 3층의 큰 방에선 멀리 호수가 내려다보인다. 방문 앞 복도엔 반가운 해먹도 걸려있다. 가격은 인당 50께찰(한화 약 7500원)로 싸지도 비싸지도 않다.

호객꾼에게 감사를 표하고 접수처에 내려가 숙박비를 지불한다. 호객꾼은 별다른 팁도 요구하지 않고 돌아선다.

침대 옆에 가방을 던져두고 해먹에 몸을 누인다.

누워있다보니 며칠 머물며 세월을 낚아볼까하는 생각이 절로 든다. 그러나 안된다. 중미 니카라과와 코스타리카, 파나마를 거쳐 거대한 남미대륙까지. 가야할 길이 멀다.

일어나 동네를 둘러본다. 골목 곳곳에 여행자들을 위한 세탁소와 귀여운 찻집 그리고 심지어 찜질방까지 있는 전형적인 배낭여행지다. 현지인의 조상인 마야(Maya)인들도 사우나를 즐겼다는 사실을 처음 알게 된다. 그리고 왜일까. 이런 동네 골목엔 언제나 온순한 개들이 많다.

호수 바로 앞 아기자기한 카페로 들어선다. 호숫가 자리에 앉아 바나나 음료를 마신다. 절로 상념에 빠져든다. 하늘이 꾸물거리더니 비가 내리기 시작한다. 가방에서 우비를 꺼내 입고 다시 걷는다. 수공예품을 팔던 좌판 상인들이 서둘러 짐을 꾸린다.

2015.9.29.08:57AM(한국시간기준). 과테말라 산뻬드로 피노키오 호스텔에서 작성.

'사표' 쓰고 지구 한 바퀴

중미 4개국 국경에서 취조를 당하다

10월 1일 밤 11시 중미 엘살바도르(El Salvador)-온두라스(Honduras) 국경의 엘살바도르 출국사무소 앞. 이날 새벽 4시반 과테말라 산뻬드로에서 소도시 안티구아와 수도 과테말라시티를 거쳐 버스를 갈아타고 도착한 장소다.

이틀간의 일정은 과테말라-엘살바도르-온두라스-니카라과의 소도시 그라나다다. 버스로 중미대륙을 가로질러 적도 인근으로 접근하는 코스다. 총 32시간이 걸리는 긴 여정이다.

오전 11시경 도착한 과테말라시티. 치안이 가장 우려됐던 곳이다. 버스 차장이 우리의 짐을 받아 버스에 싣자마자 이렇게 말한다.

"여기서 내려 왼쪽으로 가면 위험합니다. 그리고 오른쪽은 더 위험합니다."

그가 직접 안내한 버스 바로 옆 작은 식당에서 점심을 간단히 해결하고 버스 안에서 1시간을 대기한다. 이 버스는 여행자버스였지만, 시설은 현지인버스(일

중미 과테말라에서 엘살바도르, 온두라스를 거쳐 니카라과까지 필자와 K를 보내준 치킨버스. 32시간의 광장히 고된 여정이었다.

명 치킨버스)를 개조한 고물이다. 실제 20여명의 승객 중 얼굴색이 다른건 젊은 프랑스 여성 두명과 필자와 K뿐이다.

오후 1시 버스가 시동을 걸고 남쪽으로 달린다. 저녁께 하얀 다리를 건너 과테말라 출국과 엘살바도르 입국절차를 마친다. 이어 밤 11시 엘살바도르 출국장에 도착한다. 그런데 건물안에 앉은 공무원이 나의 여권을 보더니 고개를 갸우뚱거린다. 이어 안으로 들어오란다.

세계일주 중 처음 있는 일인데다가 가끔 일부 후진국 공무원들이 육로 국경에서 여행객을 공갈협박해 돈을 뜯어간다는 얘기를 들어왔던 터다.

공무원이 어디론가 전화를 건다. 5분 후 인상이 푸근한 오십대 공무원이 들어와 더듬더듬 영어로 말한다.

"아블로 에스빠뇰?(스페인어 하나?)" "무이 무이 뽀꼬.(아주 아주 조금.)"

그는 이어 빠른말로 인터폴 어쩌고 한다. K와 다른 승객들은 창밖에서 걱정어린 시선으로 이 상황을 바라보고 있다. 한 현지인은 고개를 절레절레 흔든다.

그는 잠시 뒷편 경찰서로 가잔다. 건물을 나서 작은 방으로 함께 들어선다.

2~3평 남짓한 어둑한 방 가운데엔 탁자가 하나 덩그러니 놓여있다. 옆 책상

엔 허리춤에 권총을 찬 경찰관이 앉아있다. 멀리서 개들이 짖는다. 그들이 내어준 의자에 앉는다.

"뭐하는 중인가." "비아헤(여행)."

"직업은 뭔가." "뻬리오디스따(기자)."

"여권에 왜이리 도장이 많나." "비아헤 또도 델 문도(세계일주 여행)"

그는 영어를, 나는 스페인어를 잘하지 못한다. 떠듬떠듬 대화는 금새 끊긴다.

그러던 중 버스 운전수와 차장이 와서 그에게 뭐라고 한다. 그는 어딘가로 전화를 걸어 '뽀또(사진)' 어쩌고 저쩌고 한다. '사진이랑 실물이 달라 의심된다.' 이런 내용으로 추측된다.

그가 전화로 필자의 생년월일을 포함한 여권 정보를 정확히 전달한다. 멍하니 앉아 그의 목소리를 듣는다. 정적 속 10여분이 흐른다. 잠시후 전화벨이 울리고 그가 받는다.

"돈워리 노 프라블럼."

고개를 돌려 웃으며 그가 내게 말한다. 뒷돈을 요구하는 기색은 없다. 긴장이 확 풀린다.

20여명이 필자를 기다리고 있는 사무실 앞으로 풀려난다.

그는 부패한 공무원이 아니라 정말 내가 의심스러웠던가 보다. 아마 근 7개월간 살이 빠지고 얼굴이 많이 타서일게다. 잠시 여권사진을 본다. 30대 후반의 평범하고 통통한 대한민국 직장인의 얼굴이 보인다. 표정은 딱딱하게 굳었다.

버스에 몸을 싣고 잠을 청하려는데 10여분 후 길한가운데 버스가 정차하고 군인이 탑승한다. 온두라스 입국사무소에서 짐을 검사하는 듯하다. 모두가 짐을 가지고 내려 길바닥에 풀어놓고 군인이 내용물을 일일이 체크한다. 짐검사 후 차장이 여권과 인당 미화 3달러(온두라스 입국세)를 일제히 걷어간다.

온두라스 입출국은 차장이 그냥 처리했다. 여권 사진과 실물 대조조차 없이. 이미 하루가 지난 새벽에 통과하는 것이라 일종의 편법이 동원된 듯했다. 아니면 마치 유로존처럼 양국간 출입국 절차가 무척 간소했을 것이다.

버스는 달린다. 자정이 지나간다. 새벽 3시경 버스는 어둡고 한적한 공터에서 시동을 끈다. 밤이지만 습도가 높다. 찜찜했지만 피곤이 몰려와 나도 모르게 잠든다.

차장이 몸을 흔들어 눈을 뜬 시간은 새벽 6시. 산뻬드로 출발로부터 약 26시간이 지났다.

창밖엔 막 떠오르는 해가 하늘을 붉게 물들이고 있다. 차장은 이곳이 니카과라(Nicaragua) 입국사무소라고 말한다. 입국세 인당 미화 12달러와 여권, 그리고 간단히 작성한 입국신고서를 들고 사무소로 향한다. 입국사무소 공무원은 지난밤 좋은일이 있었나보다.

"꼬레아노?" 물으며 활짝 웃는다. 이곳을 지나는 동포가 그리 많지는 않은 듯하다. 그는 입국세를 받자마자 도장을 찍어준다.

"부엔 비아헤~(즐거운 여행~)"

이어 모두와 함께 버스에서 짐을 내려 바닥에 풀어놓는다. 공무원들이 일일이 수색한다. 간단히 넘어간다.

이어 버스는 고속도로를 달린다. 그런데 건너편 대로에 삼십대 남성 한명과 여성 두명이 쓰러져있다. 차량은 반파됐고 바닥엔 피가 흥건하다. 한 여성은 눈을 뜬채 절명한 듯하다. 끔찍해 숨이 막힌다. 그 차량 앞엔 완파된 오토바이가 쓰러져있다. 앞자리 현지인 여성은 눈시울을 붉힌다. 어서 앰뷸런스가 도착하기를.

차장에게 니카라과 수도 마나과(Managua)의 우까 버스터미널에 내려달라고 부탁한다. 목적지 그라나다(Granada)로 향하는 시내버스가 이곳에서 출발한다. 12시경이다. 우까버스터미널에 내리자마자 한 남성이 "그라나다" 하면서 우리들의 짐을 봉고차에 싣는다. 홀린듯 차에 타 1시간을 달려 그라나다 티까버스 사무실 근처에 내린다. 전날 새벽 출발부터 딱 32시간이 지났다.

티까버스사무실에서 중미 최종목적지 파나마시티(Panama City)까지 이동하는 이틀 후 표를 예약하고 걸어서 적당한 숙소를 찾아 짐을 푼다. 앵무새 3마리가 동시에 '올라(Hola, 안녕)'라고 말하며 우릴 반긴다.

인터넷을 통해 미리 체크해둔 중미 파나마 파나마시티-남미 콜롬비아 카르타헤나 행 10월 6일 출발 요트를 예약하고 페이팔(Paypal)을 통해 보증금 결제까지 마친다. 카리브해 위에서 5~6일을 보내는 중미-남미 대륙간 이동 여정이다.

모든 일을 마치고 마당에 있는 작은 풀에서 수영한다. 길바닥에서 죽어가던 이들의 얼굴이 떠오른다. 바로 옆 작은바에선 젊은 서양 남녀가 목청껏 떠들고 있다. 한 두방울 떨어지던 빗방울이 서서히 굵어진다.

2015.10.4.1:48AM(한국시간기준). 니카라과 Backyard 호스텔에서 작성.

5일간 요트타고 카리브해를 건너다

"안녕하세요?"

중미와 남미를 잇는 카리브해(Caribbean Sea) 위에서 한국말을 듣는다. 상상도 못했었던 일이다. 여행에 대해, 삶에 대해 그리고 조국에 대해 생각한다.

컴컴한 10월 6일 새벽 5시. 중미 최남단 국가 파나마(Panama) 수도 파나마시티(Panama City)의 한 호텔로 픽업을 온 차량에 짐을 모두 싣고 탑승한다. 생애 첫 남미 여행의 첫나라 콜롬비아의 항구도시 카르타헤나(Cartagena)로 향하는 4박 5일 요트 여정의 시작이다. 두어시간을 달린 차량이 우릴 내려준 곳은 마치 정글같은 산속. 물가엔 나룻배들이 오가는 이들과 여러 짐들을 실어나르고 있었다.

두어시간을 대기하다 만난 40대 캐나다 남성과 작은 쪽배에 올라탄다. 자전거로 중남미를 종단중인 그는 우리와 같은 요트를 예약했단다. 배가 십여분을

파나마의 수도 파나마시티.

항해하자 너른 바다에 닿는다. 하늘도 바다도 푸르른 카리브해다. 물이 깊은 곳은 검고 얕은 곳은 투명하다. 깊음과 얕음 사이엔 푸른색과 초록색이 층층이 섞여있다.

1시간 더 바다를 가른 나룻배는 작은 섬에서 서양 처자 2명을 태운다. 그로부터 1시간을 더 가니 직은 요트가 보인다. 요트가 떠있는 곳은 중미와 남미를 잇는 산블라스 제도(San Blas Islands) 어딘가다.

여긴 300개가 넘는 작은 섬이 있고 무인도도 많다. 어떤 섬엔 집이 한채밖에 없다. 그들은 코코넛으로 수분을 보충하고 생선을 잡아먹는다. '소유'에 대한 개념이 없는 사람도 적지않다고 한다.

K와 작은배에서 요트로 옮겨타는 순간 "안녕하세요?" 귀를 의심케하는 한국어가 들린다. 배에서 일하는 20대 여성으로부터다. 그는 살결이 검게 그을렸지만 어딘가 동포임을 알 수 있는 외모를 지녔다.

그는 아르헨티나에서 태어났는데 부모가 한국인이란다. 16세 나이에 아르헨티나로 건너온 그의 부모는 어째선지 한국에 대해 말하는걸 꺼린다고 한다. 그래서 그에겐 그저 약간의 한국어만 남았다. 어쩌면 그의 부모는 지옥같은 시절을 견뎌낸 나의 아버지, 어머니이시겠지….

그가 세계일주를 떠난지도 벌써 3년째. 요트도 잠시 아르바이트를 위해 타고 있단다. 그는 돈없이 3년을 여행했다. 실제 인당 약 미화 500달러가 든 이 요트도 요리 등 본인의 노동력을 제공한 댓가로 탑승한 것이다. 늙고 한쪽발이 불편한 선장은 바다위에서 인생의 대부분을 보냈다. "자네들 행복한가? 나는 그러한데. 하하하!" 웃으며 말하는게 버릇이다. 텁수룩한 수염과 붉은 얼굴은

아르헨티나에서 온 교포 처자가 뱃머리에 앉아 바다를 보고 있다.

중미 파나마와 남미 콜롬비아를 이동한 요트 여정. 선장이 바다를 바라보고 있다.

누가봐도 뱃사람의 그것이다.

배에는 나와 K, 철인삼종경기 선수인 캐나다인, 아르헨티나 교포 처자, 스위스 처자, 오스트레일리아 커플 두명, 뉴질랜드 청년 한명이 함께 탔다. 선장과 부선장은 각각 콜롬비아와 아르헨티나 출신이다.

요트는 1시간 정도 항해한 후 작은 섬 근처에 우리를 풀어놓는다. 바다에 몸을 던져 스노클링과 수영을 충분히 즐긴다. 수영해서 건너간 섬에는 주민이 3명밖에 없다. 강아지 2마리가 우리를 보고 달려든다.

저녁무렵 다시 선상에 오른다.

교포 아가씨는 뱃머리에 앉아 바다를 바라보고 있다. 고요하던 그녀가 갑자기 고개를 돌리더니 영어로 묻는다.

"당신은 당신의 여정서 무얼 가지고 돌아가실건가요."

나는 선뜻 답하지 못한다. 대신 "당신은 답을 찾았나요" 되묻는다.

"그저 이젠 아르헨티나가 좀 그리워요. 그래서 고향쪽으로…."

선장이 직접 잡은 바닷개를 보여주고 있다.

그녀의 말끝이 흐리다. 그리고 그녀는 작년 두달간 진행했던 생애 첫 한국여행에 대해 말하기 시작한다. 좀 '딱딱한' 인상을 받았단나. 나는 '성'이라는 단어를 기억하라고 어른처럼 이른다. 사실은 잘 알지도 못하면서. 과연 더 살아보면 알 수 있을까. 그리고 우리들의 말은 허공으로 사라진다.

뱃머리에 선 그녀의 뒷모습을 하염없이 바라본다. 수평선을 배경으로 솟아 있는 그녀의 등은 한폭의 그림이다. 선장은 술에 취했다. 오세아니아 출신 젊은이들은 모두 흥겹다. 철인삼종경기 선수라는 캐나다인은 외로이 카약을 탄다. 해가 진다.

밤이 되자 비가 내린다. 하늘과 바다가 모두 새까맣다.

빗줄기가 굵어진다. 모든게 무섭게 출렁이며 타오른다.

작은 선실로 내려가 눈을 감는다.

이어 10월 8일 중남미를 잇는 카리브해 산블라스 제도위 어딘가. 요트 생활 3일차다. 이른아침 눈을 뜬다. 전날 피곤함에 깊이 잠든 후다. 씻지 못하고 바닷물과 땀에 절은 몸이 꿉꿉하다. 바닷물을 끌어다 쓰는 화장실은 있지만, 샤워시설은 언감생심. 선상으로 뛰어올라 바닷물에 몸을 던진다. 바로 전날 아침처럼, 시간을 의식하지 않는다. 선장의 등 뒤에선 먹구름이 밀려오고 있다. 곧

'사표' 쓰고 지구 한 바퀴

이어 비가 내린다. 아침의 비는 처음이다. 커피를 마시며 진정한다.

다함께 간단한 아침을 먹고 선장은 시동을 건다. 두어시간 후 요트는 인적이 없는 작은섬 해변에 닿는다. 물살이 얕은 해변에 몸을 눕히니 마치 세상의 주인이 된 듯하다. 볕살이 따스하다.

부선장과 선장, 동포 처자가 작은배에 요리할 재료를 싣고 섬으로 건너온다. 괴물처럼 생긴 카무이 생선 구이가 곁들어진 코코넛 밥이다. 그리고 랍스터와 문어 등. 모두 원주민과 부선장이 직접 잡은 것들이다. 꿀맛이다.

배가 부르다. 섬에 앉아 괜히 땅을 긁적거린다. K가 찍은 사진속의 나를 본다. 조금은 낯설다. 다시 요트에 오르니 저녁 6시경. 선장이 모두를 모아두고 말한다. 이제 이틀간의 논스톱 여정이 시작된다고. 땅을 밟을 수 없다는 의미다.

선장은 배위에서의 주의사항과 멀미약 복용을 권한다. 배가 심하게 흔들리기 때문에 반드시 어딘가를 붙잡고 움직여야만 한다. 그리고 선실내 침실에는 잠을 잘때만 내려가야 한다. 수평선을 보지 못하면 멀미가 심해지기 때문이다. 모두들 한껏 긴장한 가운데 배가 점점 속도를 낸다.

아직은 기분좋은 출렁거림을 느끼며 니카라과 호스텔서 들고 온 작은책을 열어본다. 해가 진다. 검은 바다를 바라보며 바그너의 악극을 듣는다. 영원히 이어질듯 들리는 『트리스탄과 이졸데』 서곡의 선율이다. 달빛에 비친 검은바다는 거대한 땅덩어리가 요동치는 듯하다. 선실로 내려가 잠을 청한다. 덥고 습하고 엔진소리가 시끄러우며 선체가 세차게 흔들린다. 억지로 잠든다.

새벽 3시. 무더위에 눈을 뜬다. 이어폰을 귀에 꽂고 『트리스탄과 이졸데』를 다시 듣는다. 그래도 잠을 수 없어 선상으로 오른다.

천둥번개를 동반한 우박같은 비가 내리고 있다. 바다는 요동치고 배가 심하게 흔들린다. 선장, 부선장, 동포 처자는 모두 판초우의를 입고 바쁘게 움직인다. 그들은 프로다. 내가 끼어들 틈 따윈 없다. 천둥번개가 없다면 칠흑같은 어둠이다. 언뜻 모습을 드러내는 검은 바다와 하늘을 본다. 형언할 수 없을만큼 아름답다. 그리고 두렵다. 트리스탄은 이미 들리지 않는다.

다음날 이른아침. 사방을 둘러봐도 끝없는 수평선만 보인다. 망망대해다. 날다 지친 작은새 세마리가 우리와 함께 항해한다. 그중 한마리가 갑자기 휙 날아오른다. 그리곤 나방을 씹어먹는다.

바다는 평온하다. 울렁거리는 속을 억누르며 사과를 먹는다.

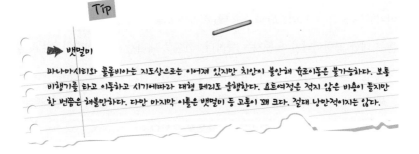

Tip

▶▶ 뱃멀미

파나마시티와 콜롬비아는 지도상으로는 이어져 있지만 치안이 불안해 육로이동은 불가능하다. 보통 비행기를 타고 이동하고 시기에따라 대형 페리도 운행한다. 요트여정은 적지 않은 비용이 들지만 한 번쯤은 해볼만하다. 다만 마지막 이틀은 뱃멀미 등 고통이 꽤 크다. 절대 낭만적이지는 않다.

'사표' 쓰고 지구 한 바퀴

나의 사랑 콜롬비아, 카르타헤나

　가게 앞에 걸린 죽은 사내의 사진을 본다. 늦잠처럼 달콤한 쿠바 음악을 떠올린다.

　덥고 습한 10월 13일 오전 11시 콜롬비아 북부의 항구도시 카르타헤나 (Cartagena). 숙소 인근서 만만한 식당을 찾아다니다가 우연히 쿠바음악이 연주되는 가게를 본다. 가게 정문 옆엔 지난 2005년 작고한 쿠바 가수 이브라힘 페레의 커다란 인물 사진이 붙어있다. 그는 독일 다큐멘터리로 뒤늦은 유명세를 탄 쿠바 그룹 '부에나비스타소셜클럽(Buenavista Social Club, 환영받는 사교클럽)'의 보컬이다.

　전성기가 한참 지나 구두닦이 등으로 연명하고 있는 늙은 쿠바 음악가들의 삶을 담은 동명의 다큐멘터리는 한국에서도 많은 인기를 끌었었다. 홀린듯 안으로 들어선다. 영업하진 않는데 빼꼼히 문이 열려있어서다. 이둑한 그곳은 한

콜롬비아 북부의 항구도시 카르타헤나. 길거리서 과일을
파는 할머님의 복장이 컬러풀하다.

창 청소중이다.

민소매 차림에 건장한 사내가 성큼 다가와 말한다.

"아미고!(친구여!) 사정상 며칠 긴 쉬었고, 내일 문을 연다네. 내일 다시 만나세."

가게문을 나서며 K와 상의한 후 다음날 콜롬비아 제2의 도시 메데진(Medellín)으로 향하려던 계획을 하루 늦춘다.

작년 생애 첫 방문 후 세계일주를 결심케 했던 '음악의 도시' 쿠바 아바나. 아이러니하게도 이번 세계일주 일정에선 동선을 맞추느라 방문을 포기했었다. 그런데 뜻하지 않게 근사한 쿠바의 음악을 다시 듣게 될 기회가 생긴 셈이다.

시내 인포메이션센터를 찾아가 메데진행 버스티켓 예매처를 묻고, 그곳이 위치해 있다는 장터 곳곳을 헤맨다. 어디선가 나타난 거대한 현지인이 자기를 따라오란다. '꼬레 델 수르(남한)'서 왔다니 총쏘는 시늉을 하며 웃는다. 너희 나라가 휴전국임을 잘 안다는 듯이.

그와 함께 10여분을 걸어가 버스티켓 예매처를 찾아낸다. 티켓 예매후 그와 헤어지고 우리끼리 시내 곳곳을 살핀다. 거리의 할매들은 화려하고 가게들은

'사표' 쓰고 지구 한 바퀴

전통의상을 입은 무희들의 격렬한 춤.

콜롬비아 북부의 항구도시 카르타헤나의 석양.

콜롬비아 씨가 광고.

아기자기하다. 바닷가 공원엔 거북선 모형도 보인다. 대한민국이 남미 유일의 한국전 참전국인 콜롬비아에 기증했다는 물건이다.

비둘기로 가득한 공원 의자에 앉아 커피를 한잔 마신다. 가격은 한화 200원에 불과한데 맛은 진하다. 강아지 한마리가 슬금슬금 다가오더니 의자밑에서 잠든다. 벌어진 입에선 침이 떨어진다.

계속 도시를 돌아본다. 멕시코 작가 가브리엘 가르시아 마르케스(Gabriel Garcia Marquez, , 1927~2014)의 중고 소설책들과 화가 페르난도 보테로(Fernando Botero Angulo, 1932~)의 작품들이 눈에 띈다. 그들은 이 나라가 자랑하는 세계적인 예술가들이다. 저녁무렵, 카리브해를 배경으로 석양이 진다. 붉게 물든 해안선을 따라 늘어선 성벽 위에서 커플들이 사랑을 속삭인다.

숙소로 돌아와 작은 옥상 풀장에 몸을 담근채 이브라힘 페레의 '두송이 흰꽃'을 듣는다. 가사속 사랑의 무상함은 간데없고 달달한 목소리만 남는다.

2015.10.14.09:30AM(한국시간기준). 콜롬비아 카르타헤나 ZONA 호텔에서 작성.

TIP

➡ 컬러풀

카르타헤나는 세계일주 중 들렀던 여러 도시들중 가장 색이 진한 곳 중 하나였다. 열정이 넘치는 곳이다. 이곳을 떠난 후 브라질에 가기 전까진 남미 어느나라에서도 이런 '찐함'을 느낄 수 없었다.

'사표' 쓰고 지구 한 바퀴

Ep.078

쿠바 카페 아바나

콜롬비아의 항구도시 카르타헤나에서 뜨거운 쿠바를 느낀다. 달뜬 숨소리를 내뱉는 사람들.

10월 14일 남미 콜롬비아의 유서 깊은 카페 '아나바 카르타헤나'. 쿠바의 수도 이름을 딴 라이브카페다. 이곳에선 내 나이보다도 훨씬 오랫동안 우아하고 흥겨운 쿠바의 생음악이 흘렀단다.

넓은 가게안, 백여장의 흑백사진들과 나무계산기가 세월의 흔적을 느끼게 한다. 걸을때마다 들리는 나무의 삐걱임이 편안하다.

밤 11시 30분 룸바(Rumba, 아프리카 리듬에 남미 율동이 섞인 쿠바 전통춤)를 연주하는 7인조 밴드의 공연이 막 시작된다. 모두 성심껏 흔들고, 두드리고, 노래한다. 특히 트럼펫은 발군이다.

관객 대부분이 자리에서 일어나 룸바를 춘다. 어린이, 젊은이, 늙은이, 남자,

여자, 남자도 아니고 여자도 아닌 사람들 모두. 음악에, 분위기에 취한다. 모든 게, 모두가 즐겁다.

흥분을 담고 자정을 넘겨 숙소로 돌아간다. 누런색 마을 광장에서 춤추는 다른이들을 본다.

그들은 모두 각자의 길을 걷고있는 듯하다. 오직 현재만을 위해, 자신만을 위해. 다들 죽음이 두렵다는 듯.

꽃잎처럼 뜨겁게.

2015.1o.15.2:53PM(한국시간기준). 콜롬비아 ZANA호텔에서 작성.

콜롬비아 카르타헤나에
있는 쿠바카페 아바나.

'사표' 쓰고 지구 한 바퀴

친근한 보테로

콜롬비아 제2의 도시 메데진(Medellín)에서 화가 보테로의 '통통한' 작품들을 본다. 그림속 인물뒤론 파리가 날고있다. 10월 17일 남미 콜롬비아 제2의 도시 메데진 소재 안티구아 박물관(Antiguq Museum).

이곳의 이름은 박물관이지만 메데진에서 태어난 세계적인 화가 보테로를 중심으로한 남미 미술가들의 작품이 전시된 미술관이다. 박물관 주변엔 보테로가 만든 통통한 조형물들이 서있다. 많은 길거리 상인들이 호객에 여념없다. 박물관 안에는 여러 작품들 외에도 아이들을 위한 놀이시설이 마련돼 있다.

컴퓨터그래픽과 접목된 움직이는 보테로의 그림들, 보테로가 등장했던 옛신문 위에 직접 그림을 그려볼 수 있는 방, 전신이 통통하게 비춰지는 거울, 사진을 촬영해 직접 통통하게 조작해 메일로 받아볼 수 있는 시설 등. 튜브에 바람을 넣으면 통통한 인물이 일어서는 장난감도 있다.

메데진 안티구아 박물관 앞에 전시된 보테로의 작품.   메데진 시내.

한 방에선 색연필을 든 금발 어린이가 한껏 집중해 그림을 그리고 있다. 필자와 K도 즉석으로 사진을 찍어 손가락을 이용해 얼굴을 '보테로화' 해본다. 보테로는 인물과 사물을 통통하게 표현한 조각과 회화로 유명하다. 유명한 레오나르도 다빈치의 모나리자 등 패러디물도 다수 남겨 '키치(kitsch)적'이라는 저평가도 받았지만, 나름의 색은 분명하다. 밝은색을 통해 양감을 표현했달까. 가장 인상적인건 그림속에 보이는 날아다니는 파리들이다. 파리까지 담긴 초상화를 그린 화가는 처음본다. 그리고 표정없는 얼굴들. 예수도 마리앙뜨와네뜨도 모두 한결같다.

과연 어떤 의미일까. 그저 본인의 눈에 보이는대로 보고, 나름의 방법으로 표현한게 아닐런지. 보테로는 아직 살아있는 예술가다. 그는 1932년 콜롬비아 메데진에서 행상인 다비드 보테르의 3형제 중 둘째 아들로 태어났다. 투우사 양성학교를 나와 16세 때 메데진 미술연구소에서 개최한 그룹전에 두 점의 수채화를 출품한 것을 계기로 그림을 그리기 시작하였다. 1951년 콜롬비아의 수

'사표' 쓰고 지구 한 바퀴

도 보고타로 이주하여 첫 개인전을 열었고, 그후 피렌체의 아카데미아 산마르코, 보고타의 국립미술대학에서 공부했다.

1957년 미국 워싱턴에 있는 범미연맹(Pan American Union)에서 전시회를 열었고, 1969년에는 뉴욕현대미술관에서 부풀려진 이미지에 관한 전시회를 열었다.

1973년부터는 조각으로 방향을 바꿨다. 작품의 배경은 고향 남미대륙으로 독재자, 탱고 댄서, 창녀, 아낙네 등이 등장한다. 소재로 삼은 인물이나 동물은 모두 실제보다 살찐 모습으로 그려지며 작고 통통한 입과 옆으로 퍼진 눈으로 풍뚱함이 더욱 강조된다.

마치 튜브에 바람을 넣은 것처럼 부풀려진 인물과 동물상, 독특한 양감이 드러나는 정물 등을 통해 특유의 유머감각과 남미의 정서를 표현하였고 옛거장들의 걸작에서 소재와 방법을 차용하여 패러디한 독특한 작품

메데진 안티구아 박물관 안에 전시된 보테로의 작품.

들을 선보이기도 했다. 또 고대의 신화를 이용해 정치적 권위주의를 예리하게 고발하고 현대 사회상을 풍자한 작품도 있다.

내게 그는 그저 아이들에게도 친근한 예술가로 기억될 듯 싶다. 이러면 충분하지 않을까. 메데진은 사계절 내내 온화한 봄날씨를 자랑한다. '미녀의 도시'라는 별칭답게 시내 곳곳엔 아름다운 여인들이 많다. 패션 등 관련산업도 발달했단다.

장소를 옮겨 이 도시의 명물인 케이블카에 몸을 싣는다. 이 케이블카는 관광을 위해서가 아니라 거리에 상관없이 인당 한화 800원인 지하철 요금만 내면 누구나 이용할 수 있는 현지 교통수단이다.

케이블카를 타고 이십여분 산비탈을 따라 늘어선 빈민가를 지나면 정상 정류장 주변엔 깨끗한 아파트 단지가 있다.

아름다운 산자락 사이로 엿보이는 빈부격차는 꽤나 잔인하다.

콜롬비아 제2의 도시 메데진의 명물 캐이블카.

'사표' 쓰고 지구 한 바퀴

하늘길

외딴섬을 가로지르는 하늘길에 오른다. 인간의 위대함을 느낀다.

10월 18일 오전 11시 30분, 남미 콜롬비아 제2의 도시 메데진의 부촌 포블로바. 포블로바는 배낭여행객이 선호하는 동네다. 대한민국 홍대앞과 이태원을 닮았다.

일요일인 이날 아침 처음 방문한 이곳은 같은 시점의 홍대앞을 떠올리게 한다. 길에선 술냄새가 올라오고 곳곳에 쌓인 쓰레기더미가 시큼하다. 낮보단 밤과 친한 장소라는 증거다. 대부분의 가게는 아직 문을 열지 않았다.

패스트푸드로 허기만 채우고 북부터미널 인근 지하철역으로 이동한다. 지하철역에서 출발하는 케이블카를 타기 위해서다.

이 케이블카에는 사연이 있다. 마약사범으로 악명 높은 콜롬비아에는 빈민도 많다. 가파른 산비탈이 그들의 터전이다. 그들은 그들만의 섬에서 그들만의 방식으로 살아간다. 대부분은 강력범죄로 연결된다.

이에 지난 2008년 콜롬비아 정부는 그 섬에 길을 놓기로 결정했다. 그것도 하늘을 가르는 멋진 길을. 그게 바로 이 케이블카다. 이후 섬사람들은 어떻게 됐을까.

우선 손쉽게 시내로 나오며 취업률이 상승했다. 또 여행객을 포함한 이런저런 사람들이 왕래하기 시작하며 어두운 분위기가 밝아졌다. 범죄발생률도 대폭 낮아졌다. 어쩌면 매일 근사한 하늘을 오고 간 결과일지도 모른다.

이후 정책효과를 실감한 정부는 당초 하나만 만들려했던 케이블카를 증설했다. 케이블카는 지하철역에서 바로 연결되는 일종의 연장노선이라 사실상 무료다. 하루종일 가파른 산비탈을 쉴세없이 오르내리며 중간중간 정차한다. 정상까지는 20여분이 걸린다. 고산지대인 관계로 코앞에 뜬 구름을 볼 수 있다.

선선한 정상엔 작은 생태공원이 있다. 여행객보단 현지인이 많다. 4륜 구동 차량을 개조한 간이 커피가게에서 술을 넣은 에스프레소를 마신다. 향기롭다. 아이 얼굴만한 버섯구이의 맛도 기가 막히다.

케이블카를 타고 지하철역까지 내려오는 길. 빨간 리본을 단 어여쁜 여자아이의 아버지가 우리에게 묻는다.

"콜롬비아가 좋나요? 메데진은 어떤가요?"

푸르른 하늘을 바라보며 답한다.

"네. 무척 좋습니다."

인형을 만지던 아이가 까르륵 웃는다.

2015.1o.19.1:o7PM(한국시간기준), 콜롬비아 메데진 HOSTAL RICH에서 작성.

'사표' 쓰고 지구 한 바퀴

콜롬비아 이피알레스
계곡 성당.

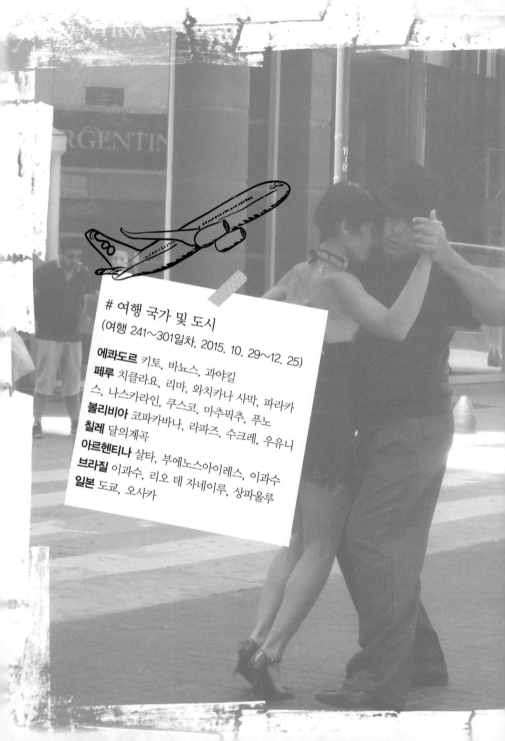

여행 국가 및 도시
(여행 241~301일차, 2015. 10. 29~12. 25)

에콰도르 키토, 바뇨스, 과야킬
페루 치클라요, 리마, 와치카나 사막, 파라카스, 나스카라인, 쿠스코, 마추픽추, 푸노
볼리비아 코파카바나, 라파즈, 수크레, 우유니
칠레 달의계곡
아르헨티나 살타, 부에노스아이레스, 이과수
브라질 이과수, 리오 데 자네이루, 상파울루
일본 도쿄, 오사카

part.5

반드시
언젠가는 다시

태양의 길, 세상의 중심

'적도(赤道)'란 붉은 태양이 걷는 변함없는 길이다. 사람들은 이를 '세상의 중심'이라고 불렀다. 매일 흔들리고 때론 변하는 인간은 이곳을 숭배했다.

맑은 하늘이 기분좋은 10월 29일 남미 에콰도르의 수도 키토(Quito). 시내 버스를 갈아타고 북쪽으로 두어시간을 달리면 '세상의 중심(스페인어 Mitad del mundo)' 박물관이 나온다. 과학적으로 위도가 '영(0)'인 곳, 바로 적도다.

이곳엔 두개의 박물관이 있다. 멀리서도 보이는 거대한 구형 조각이 서있는 대형 박물관은 GPS 측정결과 위도가 0은 아니다.

대형 박물관에서 150미터 옆에 위치한 소담한 '민속박물관(Museo Intinan)'이 진짜 적도다. 물론 위도 0인 지점으로부터 반경 5킬로미터 이내는 모두 적도라고 부른다고 한다.

적도에선 신비한 현상이 여럿 발생한다. 적도는 지구에서 반지름이 가장 길

에콰도르의 수도 키토 인근에 있는 '적도박물관' 근처 '민속박물관' 과학적으로는 이곳이 적도다. 이곳에서는 못위에 달걀을 세울 수 있다.

고 원심력도 강해 중력이 약하기 때문이다. 이에 따라 눈을 감고 똑바로 걷기가 힘들고, 몸무게도 1킬로그램 가량 줄어든다. 반대로 중력이 가장 강한 남극과 북극에선 몸무게가 증가한다고 한다.

적도에선 누구나 조금만 집중하면 날달걀을 못위에 세울 수도 있다. 또 남과 북이 갈리는 적도선상에서 물을 내리면 소용돌이가 일지 않고 똑바로 밑으로 내려간다. 한 두발만 옆으로 이동해도 소용돌이가 인다. 이때 남쪽과 북쪽의 소용돌이는 정반대 방향이다.

적도는 먹거리와도 관계가 있다. 지구의 자전 축이 기운 관계로 적도를 중심으로 위아래로 퍼져있는 북회귀선과 남회귀선 사이에서만 커피가 재배된다. 세계적으로 유명한 커피산지인 에티오피아, 콜롬비아, 과테말라 등이 모두 이에 해당한다.

더욱 신비로운 사실은 과학적 측정이 불가능했던 과거 원주민들도 적도를 알고 숭배했다는 점이다. 민속박물관은 현지 원주민들의 터전이자 토템신앙이 발달했던 장소라고 한다.

그들은 기니피그를 먹고 상대부족의 얼굴가죽을 벗겨 입을 꼬맨후 수집했으며 카카오 열매로 초콜릿도 만들었다.

그들의 후대는 '에콰도르(적도, 스페인어 Ecuador, 영어 Equater)'를 나라이름으로 삼았다.

지구본을 보면 아프리카 케냐 등 적도가 지나는 나라는 적지 않다. 그러나 국가명이 적도인 곳은 에콰도르가 유일하다.

키토 인근 도시 바뇨스(Banos)에 유명한 '세상의 끝 그네'가 있는 이유다.

2015.10.29.09:46AM(한국시간기준). 에콰도르 키토 수크레 호스텔에서 작성.

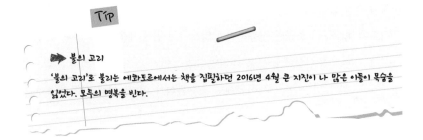

Tip

➡ 불의 고리

'불의 고리'로 불리는 에콰도르에서는 책을 집필하던 2016년 4월 큰 지진이 나 많은 이들이 목숨을 잃었다. 모두의 명복을 빈다.

'사표' 쓰고 지구 한 바퀴

뒤틀린 성모

그녀는 뿔난 괴물을 밟고 쇠사슬을 들고 서있다. 뒤에서 보면 곱추인데 옆에서 보면 꼿꼿하다. 손가락과 목이 길어 부자연스럽다. 무표정한 얼굴은 때론 악마같다.

10월 29일 남미 에콰도르 키토(Quito)의 엘 빠네시오(El Panecillo) 언덕. 이날 아침에 한번, 저녁에 한번. 두번이나 오른 이 언덕의 정상은 과거 태양을 섬기던 원주민 인디오의 제단이 있었던 자리다.

중남미의 여러 나라들처럼 과거 제국주의 스페인의 침탈로 인해 현재 그 제단은 사라졌다.

대신 날개를 단 구원의 성모를 형상화한 거대하고 기이한 조각상이 서있다.

7000개의 알루미늄 조각으로 만들어진 이 조각상은 1978년 생인 필자보다 2살 많다.

에콰도르의 수도 키토의 거리. 저 멀리 언덕위로 성모상이 보인다.

에콰도르의 수도 키토를 내려다
보고 있는 성모상. 어딘가 기괴
한 모습이다.

'사표' 쓰고 지구 한 바퀴

조각가 아구스틴 데 라 에란 마토라스가 1976년에 만든 이 작품은 날개가 달린 성모를 묘사한 베르나르도 데 레가르다의 유명한 조각상에서 영감을 받은 것이라고 한다.

두 작품 모두 성모가 괴물을 밟고 쇠사슬을 들고 서있는 점은 같지만 원작엔 기이함이 없다.

그녀 앞 멀리 또 다른 언덕에는 웅장한 대성당이 있다. 그래서 둘은 서로 마주보고 있다. 이들 가운데 움푹파인 곳(구시가지)에 모여 사는 키토 시민들을 내려다보는 셈이다.

이유는 모르겠다. 내겐 이 조형물이 그 대단한 미켈란젤로의 피에타보다도 훨씬 더 매혹적이다.

그녀의 몸을 둘러싸고 있는 타일같은 조각들이 마치 야수를 가둬둔 우리처럼 보인다. 뒤틀린 그녀의 절규가 들리는 듯하다.

그녀의 발밑에서 지상으로 내려오는 지저분한 비탈길에는 빈민들이 모여산다. '오를때 한번, 내려갈때 한번 강도를 만난다'는 웃지못할 농담이 있을 정도로 위험한 곳이다. 실제 이길을 걸어 오르내리다가 강도가 지닌 식칼에 찔려 각각 8바늘과 13바늘을 꿰맨 한인 여행객들의 피해사례를 접했다.

반드시 투어버스나 택시를 이용해야만 한다.

2015.10.30.08:52AM(한국시간기준). 에콰도르 키토 수크레 호스텔에서 작성.

액티비티의 천국 바뇨스
세상의 끝 그네

에콰도르의 수도 키토서 그리 멀지 않은 곳에는 산골마을 바뇨스(Baños, 스페인어로 온천이라는 의미)가 있다. 이 마을은 패러글라이딩, 캐노핑, 래프팅 등 각종 액티비타를 즐길 수 있는 곳이다.

11월 2일 오전 '나무의 집(스페인어로 La Casa Del Arbol)'에 방문했다. 해발고도 2800미터 가량의 너른 산정에 위치한 나무의 집은 이른바 '세상의 끝 그네'로 인기가 있다.

절벽에서 타는 아찔한 그네다. '기괴한 여행지 20선'에 꼽혔다는 풍문이 있다. 실제 느끼는 공포감에 비해 사진이 더 아찔하다.

바뇨스에서 택시를 타고 30분 산을 올라 나무의 집에 들어서니 이른 시간임에도 많은 사람들이 줄을 서 있다.

그네를 타고 바람도 쐬고 두어시간이 훌쩍 갔다. 당초 산정에서 내려오는 방

법은 생각하지 않았었다. 마을을 향해 터벅터
벅 걷다보니 고맙게도 트럭 한대가 우리앞에
선다. 짐칸에 실려 바람을 맞는다.

이곳의 산수는 우리의 그것과 묘하게 닮았다.
고향을 떠올린다.

바뇨스로 돌아와 오후에는 캐노핑(몸에 줄을
매달고 산위에서 내려오는 액티비티)과 예정에 없던
승마를 했다. 2시간 말을 탄 건 처음이었는데
상상 그대로의 느낌이랄까. 백마의 목덜미를
만지며 계곡을 둘러봤다.

저녁에 들어간 온천장에선 깜짝 놀랐다. 너
무 협소해서다. 그래도 피로가 싹 가셨다.

'세상의 끝 그네'.

바뇨스의 명물 '나무의 집'. 이 집 옆에
'세상의 끝 그네'가 달려있다.

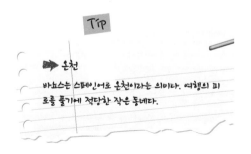

Tip

➡ 온천
바뇨스는 스페인어로 온천이라는 의미다. 여행의 피
로를 풀기에 적당한 작은 동네다.

페루, 한글이 반갑다

남미 페루의 수도 리마(Lima) 해변에서 자전거를 탄다. 에콰도르로부터 이틀 간의 긴 이동 끝 취하는 단 휴식이다.

11월 7일 오전 페루의 수도 리마의 미라 플로레스(Miraflores) 지역. 인디오보다 백인이 많은 해변 관광지다. 하늘엔 패러글라이더, 바다엔 서퍼들이 있다.

이곳이 접한 바다는 태평양이다. 저 바다 넘어 대한민국이 있다. 이틀전 밤 에콰도르 과야킬에서 출발한 밤샘버스는 전날 오전 페루 북부 도시 치클라요에 우릴 내려뒀다. 앞선 출입국 절차는 세계일주 중 가장 간단했다. 한 사무실에 있던 4명의 공무원. 2명은 에콰도르 출국 도장을, 다른 2명은 페루 입국 도장을 각각 맡아 간단히 처리해줬다.

새벽 1시였다. 공무원도 여행객도 입은 열지 않았다.

치클라요는 대도시였다. 일인당 한화 700원 가량인 합승 콜렉티보(현지 교통수

단, 일종의 승합차)를 이용, 인근
마을 람바예케로 간다. 마추픽
추로 유명한 잉카문명보다 훨
씬 앞선 시판의 황금문명 박물
관이 있는 곳이다.

페루 북부 치클라요에서 만난 반가운 한글적힌 티코.

　박물관에서 예수의 죽음과 비
슷한 시기, 이곳에 존재했던 거대
문명의 흔적들을 보며 감탄한다.

　치클라요로 돌아오는 길. 길거리
에 널린 티코 택시 뒷창문에 적힌 반가운 한글을 본다.

　'빨리갈께요 석다방.'

　치클라요 시내를 둘러보고 저녁 7시 20분 수도 리마행 버스에 오른다. 전날
과 같은 이층버스 맨 앞 자리라 시야가 넓다. 차장이 쉴새없이 영화를 틀어주
고 간식을 내온다. 미 서부 지진을 다룬 재난영화엔 한국인(재미교포 출신 유명배
우)이 등장한다. 극중 이름이 '킴팍'인 그는 정의롭고 잘생겼지만, 아쉽게도 일
찍 죽는다.

　나도 피곤해 눈을 감는다. 아침을 버스에서 맞는다. 8시에 눈을 뜨니 왼쪽은
사막, 오른쪽은 바다다. 몇달전 들렀던 이집트 시나이반도의 모습이 겹쳐진다.
차이점은 거긴 홍해, 여긴 태평양이라는 점이다.

　이틀전 밤 9시 에콰도르 출발로부터 35시간이 지났다. 남미 대륙의 거대함
을 새삼 실감한다. 버스는 아침 9시경 리마 북부터미널에 한무리를 내려주고

페루의 수도 리마의 관광지 미라 플로레스 전경.

플로레스에서 본 한글
포교문.

'사표' 쓰고 지구 한 바퀴

계속 달린다.

30여분후 시내 중심가에 내려 택시를 잡고 해변 숙소로 이동한다. 허름한 숙소에 짐을 푸는데 반가운 태극기 그림이 보인다. 두대의 자전거를 빌려 K와 해변도로를 달린다.

바닷가 거대 상점엔 세계 각국의 다양한 식당과 패션 브랜드가 입점해있다. 현지 물가 대비 무척 비싸고 얼굴색이 하얀 사람들이 가득하다. 상점가 중심엔 한중일 음식을 취급하는 식당도 있다. 일군의 젊은이들은 거리서 음악을 연주한다. 어딘가 독특한 레게다.

자전거를 반납하고 페루의 명물 '잉카콜라'를 마시며 계속 걷는다.

거리서 반가운 한글을 또 본다.

'성서는 실제로 무엇을 가르치는가?'

한국 아주머니 세분이 인사를 건네신다.

"한글이 반갑죠?"

"네 반갑습니다."

아주머니들은 '여호와의 증인' 교인분들이시라고 한다. 종교의 힘이란.

그리고 며칠전 읽었던 글귀를 떠올린다.

'기분이 좋지도 않고 나쁘지도 않다.'

2015.11.8.07:16AM(한국시간기준). 페루 리마 2HOSTEL CIRCUS에서 작성.

와치카나 사막, 가요

오랜만에 한국사람들과 수다를 떨었다. 노랫말이 아름다운 가요를 함께 들었다. 가사에 들뜨다 추억에 잠겼다.

11월 8일 오후 5시 남미 페루 와치카나 마을. 사막 한가운데 오아시스를 둘러싼 손바닥만한 동네다. 명물인 버기카에 올라 한시간반 사막을 질주한다. 끝없는 모래, 시원한 바람, 뜨거운 햇볕. 아찔한 언덕은 차라리 상쾌하다.

운전수가 중간 중간 차를 세워 샌드보드를 권한다. 거의 90도 각도의 모래언덕을 순식간에 미끌어진다. 봅슬레이도 이런 기분일까.

투어가 끝난 후 수영장이 딸린 숙소에서 바베큐를 먹는다. 현지 물가대비 상당한 가격이지만, 먹을만하다. 그리고 시장이 반찬.

숙소 수영장 옆에 있는 미니바에서 한국분들을 만난다. 젊은 은행원, 전직무역회사 직원 등이다.

페루 와치카나 사막의 버기카 투어 중 샌드보   와치카나 사막의 오아시스.
드를 타는 여행자들.

맥주를 마시며 담소를 나눈다. 각자의 여행이야기들이 오고간다.

여정이 짧건 길건 그런건 중요치 않다. 여행은 그저 오롯이 각자의 것이다.

나는 듣는다. 그리고 가끔 말한다. 어느덧 새벽.

가요 이야기가 나와 이런저런 노래들을 함께 듣는다.

죽은 형제를 그리는 음악이 사무친다. 인상깊은 사막의 잊지못할 새벽.

그리고 음악.

무언가를 더 바란다면 욕심일게다.

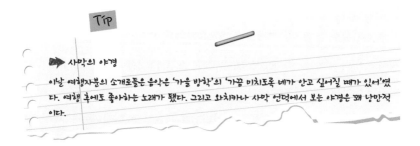

Tip

➤ 사막의 야경

이날 여행자분의 소개로들은 음악은 '가을방학'의 '가끔 미치도록 네가 안고 싶어질 때가 있어'였
다. 여행 후에도 좋아하는 노래가 됐다. 그리고 와치카나 사막 언덕에서 보는 야경은 꽤 낭만적
이다.

티코타고 나스카라인

고물 티코(대우차)에 몸을 싣고 나스카라인(Nazca Line)을 둘러본다. 페루 서부 이카(Ica)부터 왕복 180킬로미터 거리다. 눈물겨운 티코의 선전에도 불구하고 하루를 허무하게 마감한다.

11월 10일 아침 8시 페루 서부 바닷가 마을 파라카스(Paracas). 전날 신청한 바예스타 섬 투어에 나선다. 바예스타 섬은 바다표범, 펭귄, 펠리컨 등 다양한 동물들이 살고 있어 '가난한자의 갈라파고스 제도'라고 불린단다. 앞서 와치카나 사막에서 만난 한 여행자분의 소개로 온 곳이다.

보트를 타고 동물들을 구경한다. 기대만큼 많은 동물들이 괴성을 지르며 움직이고 있다. 하늘도 바다도 모두 푸르다. 오전 11시쯤 숙소로 돌아와 1시간 거리인 이카행 버스에 탑승한다.

이카에서 대중교통을 이용해 나스카라인을 둘러본 후 다시 돌아와 예약해둔 쿠스코(Cusco)행 밤샘버스를 타는 긴 여정이다.

그런데 이카에 도착해보니 예상보다 시간이 촉박하다. 나스카라인은 미서부를 종으로 관통하는 '펜아메리카하이웨이' 위에 멀뚱히 그려져있다. 이카에서 90킬로미터, 이카로부터 110킬로미터 떨어진 나스카로부터는 20킬로미터 거리다.

우리에게 허락된 시간은 딱 5시간. 한국이라면 금새 다녀올 수 있는 거리지만, 이곳은 남미다. 차량들의 상태가 좋지않고, 다이나믹한 지형은 사전 예측을 불허한다.

페루 서부 바닷가 마을 파라카스 인근 바예스타 섬 투어 중 만난 펭귄과 새들.

페루 나스카라인. 당연한 얘기지만 출입은 전면 금지돼 있다.

고민 끝에 길거리서 택시를 섭외한다. 물론 이럴땐 반드시 현지인들이 내리는 걸 잡아타야한다. 관광객을 상대하는 이들은 바가지를 씌우기 일수여서다.

마침 막 현지인 아주머니를 내려준 노란색 티코가 보인다. 다가가 나스카라인까지 왕복을 부탁하니 단정한 인상의 기사분이 황당해 하신다. '티코로 거길 어떻게?' 이런 얼굴이랄까.

손발짓을 섞어 자초지종을 설명하니 "이해하겠다"는 듯, 일단 타란다.

다섯시간 가량 왕복 요금은 140솔(한화 약 5만원)이다. 고물 티코가 털털거리며 고속도로로 접어든다. 계기판이 망가져 정확치는 않지만 평균시속 50킬로미터 정도다. 사막의 바람이 강하게 불면 창문이 떨어져나갈 듯하다. 1시간쯤 지나자 엉덩이가 아파온다. 기사분의 표정이 사뭇 비장하다. 앞서 버스 출발시간인 저녁 6시 15분을 미리 일러뒀기 때문이다. 모래바람 때문인지 기사분이 기침하실 때마다 미안해진다.

나스카라인에 도착한 시간은 오후 3시 30분. 딱 2시간이 걸렸다. 일인당 2솔(한화 약 700원)을 내고 초라한 전망대로 달린다. 올라서니 그림은 딱 두개만 보인다. 펜아메리카하이웨이는 시원하다. 저아래서 대기 중인 티코가 벤츠보다도 멋져보인다.

'사표' 쓰고 지구 한 바퀴

페루 나스카라인으로 필자와 K를 안내한 오래된 티코.

페루 나스카라인 전망대.

5분후 다시 티코를 타고 이카로 돌아온다. 피곤이 몰려와 잠든다. 다시 눈을
뜨니 터미널이다. 다행히 출발시간은 아직 20여분이 남았다. 기사분께 넙죽 인
사하고 터미널로 들어서 버스를 기다린다.

그런데 이게 웬걸. 쿠스코행 밤샘버스는 출발시간이 훨씬 지난 저녁 일곱시
가 되어서야 시동을 건다. 허탈한 웃음속 긴 하루가 저문다.

2015.11.12.09:39AM(한국시간기준). 페루 쿠스코 PANAY 게스트하우스에서 작성.

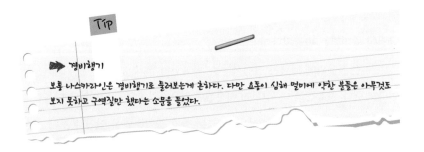

Tip

➡ 경비행기

보통 나스카라인은 경비행기로 둘러보는게 흔하다. 다만 요동이 심해 멀미에 약한 분들은 아무것도
보지 못하고 구역질만 했다는 소문을 들었다.

세계의 배꼽 쿠스코

11일 12일 남미 페루 쿠스코(Cusco) 숙소에서 맞는 첫 아침. 이곳은 과거 잉카(Inca) 제국의 수도였다. 원주민어로 쿠스코는 '세계의 배꼽'을 의미한다. 필자와 K는 우선 볼리비아 대사관으로 향했다. 다음 이동국가인 볼리비아 관광비자를 미리 받아두기 위해서다.

준비를 마치고 대사관 찾아가 벨을 누르니 여직원이 문을 열어준다. 책상 위엔 초록색 대한민국 여권들이 쌓여있다. 아마도 여행사나 대행사에서 맡겨뒀던 모양이다. 볼리비아는 '우유니 소금사막(Salar de Uyuni)'의 굉장한 인기로 한국인이 즐겨찾는 관광지다.

며칠 전 우유니에 다녀온 여행객들은 "한국인이 많고 중국인은 거의 없는 곳"이라고 했다. 드문 일이다. 상황이 비슷했던 라오스의 휴양지 방비엥을 떠올린다.

곧 40대 남성 공무원이 내려온다. 그는 뭔가 즐거운일이 있었나 보다. 뭔가 그리 좋은지 연신 웃더니 볼리비아 아마존 포스터를 내게, 볼리비아 관광책자를 K에게 각각 선물한다.

타국에서의 비자 발급. 까다롭다면 까다로운 일이다. 그런데 그는 비자가 붙은 여권을 바로 내준다. 10분도 걸리지 않았다.

인사하고 밖으로 나서려는데 그가 잠시만 기다리란다. 볼리비아 소개 영상을 보고가라며 열의를 보인다. 내가 볼리비아 외교부 장관이라면 상이라도 주고 싶다. 그런데 무슨 문제가 생겼는지 '삼성표' 텔레비전이 작동하지 않는다. 내가 코드를 좀 만져주니 전원이 들어온다.

"삼성 꼬레아노!"

페루 쿠스코 재래시장의 모습.

페루 쿠스코 중앙광장에서 전통의상을 입은 현
지인 아주머니가 직물을 만들고 있다.

페루 쿠스코의 볼리비아 대사관 직원이 볼리비아 관
광지 포스터를 들고 기념촬영을 하고 있다.

필자의 등 뒤에서 그가 웃으며 중얼거린다. 그러나 영상은 끝까지 나오지 않
고 음악만 들린다. 생각지도 못한 환대에 그와 기념촬영까지 마치고 대사관을
나선다.

시내로 이동해 이틀 후 가볼 마추픽추(Machu Picchu) 일일 입장 티켓 및 다음
날 인근 도시 히드로일렉티카까지 이동할 미니밴 티켓을 모두 예약한다.

내일 아침 7시 미니밴을 타고 일곱시간을 달려 히드로일렉티카에 내려 기찻
길을 따라 3시간을 걸어 '마추픽추의 마을' 아구아스칼리엔테스(Aguascalientes)
에 닿을 예정이다. 아구아스칼리엔테스는 유명한 '잉카트레일'의 종착역이기도
하다. 거기서 하룻밤을 보내고 다음날 새벽 4시부터 2시간을 걸어 오르면 마추
픽추를 만날 수 있다.

볼리비아 비자부터 마추픽추 교통편까지, 두어시간만에 해야할 일들을 모두
끝냈다.

시간이 남아 재래시장을 둘러본다. 시내 한가운데 '산페드로'라는 유명한 시

'사표' 쓰고 지구 한 바퀴

장의 뒷골목이 진짜 재래시장이다. 우선 할머님들의 패션에 눈이 간다. 각각 조금씩 다른 모자, 카디건, 투피스 치마 차림들이신데 마치 귀여움의 집합체를 보는 듯하다. 아이들은 구슬치기에 한창이다.

시장에서 나와 거대한 석벽을 따라 걷는다. 옛 게임 '테트리스'처럼 모양과 크기가 제각각인 돌들이 거대한 벽을 이루고 있다. 큰 지진에도 끄떡없었다는 소문을 들었다. 흰옷을 입은 이들이 석벽 사이사이를 청소하고 있다.

여럿의 조언에 따라 트레킹을 위한 흡혈파리 퇴치제와 특산품 알파카 스웨터 등을 구입한 후 숙소로 돌아온다.

전날처럼 오후 3시가 지나니 하늘이 흐릿하다. 창밖에서 우리나라 아이돌 그룹의 음악이 들려온다. 베베.(아이돌 그룹 빅뱅의 노래 제목)

2015.11.13.08:06AM(한국시간기준). 페루 쿠스코 PANAY 게스트하우스에서 작성.

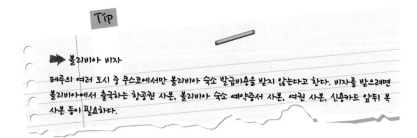

Tip

➡ 볼리비아 비자
페루의 여러 도시 중 쿠스코에서만 볼리비아 숙소 발급비용을 받지 않는다고 한다. 비자를 받으려면 볼리비아에서 출국하는 항공권 사본, 볼리비아 숙소 예약증서 사본, 여권 사본, 신용카드 앞뒤 복사본 등이 필요하다.

온화한 마추픽추

마추픽추(Machu Picchu)는 명성에 어긋남이 없는 정말 근사하고 부드러운 유적이었다. 11월 14일 새벽 4시 45분, 남미 페루 '마추픽추의 마을' 아구아스칼리안테스(Aguascalientes) 버스정류장. 미화 12달러나 하는 마추픽추 입구행 편도 버스를 기다린다. 전날 비를 맞으며 3시간을 걸어 이곳에 도착했기에 새벽부터 다시 두어시간을 걸어 산을 오를 생각은 접었다.

필자와 K앞에는 30미터 가량의 줄이 늘어서 있었다. 노점에서 커피를 마시며 버스를 기다렸다. 비는 멈췄지만, 공기는 차가웠다. 전날 비에 흠딱 젖은 신발은 더 차가웠다.

5시가 되자 우리 뒤로도 줄이 100여미터 늘어섰다. 15분 후 버스 5대가 들어오고 순서대로 2번째 버스에 탑승했다. 어두웠던 하늘이 점점 밝아졌다.

출발한 버스는 구불구불 계곡을 올라 마추픽추 입구에 우릴 내려뒀다. 더 이른시간부터 걸어 올라온 30여명이 벌써 줄을 서있다. 그들은 땀에 흠뻑 젖었다. 보람 때문인지 표정은 밝다.

6시 정각 문이 열리고 여권과 미리 예약해둔 티켓을 보이고 입장한다. 무료 안내지도도 받아든다. 지도를 보며 조금 빨리 걸으니 멀리 마추

마추픽추 유적지에서 한가로이 풀을 뜯는 라마들.

픽추(Machu Picchu, 작은봉우리라는 의미)가 보인다. 라마가 한가로이 풀을 뜯고 있다. 우리보다 앞선 사람은 많지 않아 고요하다.

10여분 언덕을 더 오르니 잉카유적이 한눈에 들어온다. 모든게 옅은 운무에 가려있다. 인적이 없어 신비감을 더한다. 유적보다도 안데스산맥의 너른 풍광이 인상적이다. 높고 거대하나 둥그스름해 위압적이지 않다. 나를 포근히 안아주는 느낌이다.

말없이 3시간쯤 유적 곳곳을 둘러본다. 재빠른 운무의 움직임이 눈으로도 보인다. 어느덧 구름에 가리웠던 와이나픽추(큰봉우리)도 모습을 드러낸다. 세계각국서 온 관광객들로 붐빈다. 마추픽추는 입장인원을 하루 2500명으로 제한하고 있다. 그래서인지 여타 유명 관광지에 비해서는 덜 붐빈다.

아침 9시 10분 마추픽추를 등지고 나와 입구 옆 화장실서 소변을 본다. 마추픽추 안엔 화장실이 없다. 산길과 기찻길을 3시간 30분 걸어 내려와 식사하고 쿠스코로 돌아가는 미니밴에 탑승한다. 오랜만에 땀에 젖은 몸이 상쾌하다.

운무에 쌓인 마추픽추 유적지.

미니밴을 타고 8시간을 달리며 보이는 차창밖 안데스의 풍광에 다시 감탄한다. 날씨가 좋아 멀리 만년설도 보인다. 최근 며칠간 흐린 하늘 때문에 마추픽추조차 제대로 볼 수 없었다는 이야기들을 들어왔었던 참이다. 운이 좋았다.

2015.11.15.10:00PM(한국시간기준), 페루 쿠스코 PANAY 호스텔에서 작성.

Tip

➠ 잉카트레일

마추픽추 가는 방법은 매우 다양하다. 쿠스코에 현지 여행사들이 무척 많으니 가격과 내용을 꼼꼼히 비교한 후 선택하자. 또한 마추픽추는 하루 입장객 수를 제한하고 있기 때문에 쿠스코 중심 광장에서 사전에 입장권을 예약해야 입장할 수 있다. 여행 상품과 이동 방법에 따라 전혀 다른 경험이 될 수 있다. 금전적으로 여유가 있다면 유명한 잉카트레일(기차)를 타보는 것도 좋겠다.

'사표' 쓰고 지구 한 바퀴

식물섬

'사람들 사이에 섬이 있다. 그 섬에 가고 싶다.'

시인 정현종의 유명한 작품이다. 그런 섬을 본다.

11월 16일 오전 페루의 호반도시 푸노(Puno). 작은 배에 올라 식물로 만들어진 '우로스섬(Uros)'을 돌아본다. 과거 한 나라였던 남미 페루와 볼리비아 사이엔 하늘과 가까운 티티카카 호수(Lake Titicaca)가 있다. 바다처럼 너르고 푸르다.

호수는 항상 고요했지만 주변 사람들은 싸움이 잦았다. 그리고 어떤 이는 다툼이 싫었다. 그래서 사람이 먹을 수 있는 식물을 호수 위에 얼기설기 쌓았다. 그리고 오랜 시간이 흐르자 그 식물은 섬이 됐다.

더 오랜 시간이 흐른 이날. 어떤 섬엔 단지 하나의 집과 하나의 배만 외로이 있다. 관광객으로 들끓는 우로스섬의 본질은 고독이다. 그래서 어쩌면….

우로스는 '세상에서 가장 높다'고 잘못 알려진 티티카카 호수(Lake Titicaca) 위

볼리비아 코파카바나에서 바라본
티티카카 호수.

티티카카 호수.

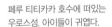

페루 티티카카 호수에 떠있는
우로스섬. 아이들이 귀엽다.

'사표' 쓰고 지구 한 바퀴

에 떠있는 수십개의 인공섬이다. 그래도 해발고도가 3810미터로 높아 구름이 수면에 닿을 듯하다. 섬의 재료인 식물은 얼핏보면 파와 같다. 그러나 먹어보면 쓰지도 맵지도 않다. 단지 수분만이 가득하다. 같은 식물로 만들어진 원주민의 배는 알라딘의 신발을 닮았다.

우로스의 원주민은 잉카어와 스페인어를 동시에 사용한다. 그들의 조상은 지구에서 감자를 가장 먼저 먹었던 이들이다. 그들이 낳은 아이들은 알록달록한 옷을 입었다. 모자도 썼다. 땅과 친해 뒹굴거린다. 얼핏보면 인형같은데 움직이고 말도 한다. 그만큼 예쁘다.

여인네들은 나이를 불문하고 양갈래로 머리를 길게 땋았다. 그 자태가 보기 좋아 배위에 여인이 서있는 열쇠고리를 구입한다. 우로스섬에서 나와 여행자 버스를 타고 볼리비아로 향한다. 티티카카 호수를 끼고 달리는 차창밖의 아름다운 풍경은 잠을 허락하지 않는다. 두어시간을 달려 도착한 국경은 한적하다. 더러운 양떼가 풀을 뜯고 있다.

국경 통과는 손쉽다. 여행자버스 직원이 출입국 카드를 꼼꼼히 챙겨줘서다. 순식간에 절차를 마치고 걸어서 볼리비아 땅을 밟는다. 이질감은 전혀 없다. 같은 안데스 고지대의 사람들이고 언어도 같다. 단지 환전만이 필요할 뿐이다.

페루와의 국경에서 버스로 불과 십여분 거리인 볼리비아 코파카바나 (Copacabana)는 푸노보다 훨씬 작은 마을이라 티티카카 호수와는 더욱 가깝다. 우리의 강냉이와 엿과 같은 현지식으로 배를 채운다. 방을 잡고 석양에 물든 티티카카를 다시 본다. 붉은 호수가 쓸쓸하다. 나도 그리된다.

2015.11.18.1o:25AM(한국시간기준). 볼리비아 코파카바나 미라도르 호텔에서 작성.

세계에서 가장 높은 수도
볼리비아 라파즈

11월 18일 오후 남미 볼리비아 코파카나바에서 수도 라파즈(La Paz)로 향하는 버스안. 해발고도 3800미터가 넘는 고산지대의 광활한 풍경에 시선을 빼앗긴다. 새파란 호수와 새하얀 구름때, 그리고 눈으로 뒤덮인 산들이 평행선을 그리고 있다. 저 설산들은 해발고도 6000미터에 달한다. 한 늙은 목자가 길가에서 양들과 함께 호수를 바라보고 있다.

코파카바나와 라파즈는 버스로 3시간 거리다. 코파카바나를 둘러싼 티티카카 호수의 거대한 크기로 인해 중간에 버스에서 내려 사람과 차량이 따로 배를 타고 호수를 건너야만 한다. 건너온 곳에선 알파카와 양이 사이좋게 풀을 뜯고 있다.

라파즈는 해발고도 최고 4000미터까지 가옥이 있고 멀리 만년설이 보이는 독특한 대도시다. '세상에서 가장 높은 수도'로 알려졌지만, 사실 볼리비아의

법적 수도는 수크레다. 라파즈는 경제
와 행정 중심의 행정수도로 불린다.

라파즈 인근의 차칼타야산. 해발고도 5300미터로 과거
세상에서 가장 높은 스키장이 있었다.

라파즈 시가지로 진입하는 길의 풍
경은 아프리카 북수단의 그것처럼 황
량하기 그지없다. 짓다만 붉은 벽돌
건물 사이로 철근이 솟아있고 모레
와 매연이 가득하다. 사람들은 까
맣다. 남미 최빈국 볼리비아의 민
낯이다. 육로 이동을 통해서만 볼 수 있는 풍경이다. 중심가는 교통지옥이다.
차량은 많은데 길은 좁고 신호체계가 제대로 작동하지 않아 극히 혼잡하다.

오후 6시 숙소서 인근 관광지 '달의 계곡' 투어를 알아보는데 주인장이 심각
한 표정으로 말한다. "밤 8시가 지나면 절대로 밖에 나가지 마세요. 위험합니
다." "네." 우리는 답했다.

중남미는 다양한 자연, 활기찬 사람들, 저렴한 물가의 삼박자가 갖춰진 매
력적인 여행지임이 분명하지만 문제는 치안이다. 그래서 돌아다니기가 어려운
밤이 항상 아쉽다.

그럼에도 불구하고 앞서 들렀던 아프리카에 비하면 중남미는 양반이다. 케
냐 나이로비의 경우 상점마다 철조망이 쳐있고(남미에는 철조망이 가끔 보인다) 총을
든 경호원과 사설경찰이 곳곳에 있었다. 또 대형 상점에 들어갈 때마다 소지품
검사를 했는데 중남미에선 거의 없었다.

도시의 풍경은 재료를 빼곡히 넣고 꽉 누른 샌드위치를 연상시킨다. 맨 아랜

라파즈의 골목길. 여행자의 구미를 자극하는 매력이 있다.

라파즈 마녀시장의 한 가게. 라마의 태아를 말린 장식품이 눈길을 끈다.

도로, 도로 위엔 사람, 사람 옆에 차량, 차량 옆엔 건물, 건물 옆엔 언덕, 언덕 위엔 산이 있다. 첫인상이 강렬하다.

　숙소 인근서 간단히 저녁을 챙기고 돌아오는 길. 복면을 쓴 남성이 나와 K에게 달려들더니 깜짝 놀래키고 도망친다. 우린 그의 의도보다 딱 4배쯤 더 놀란다. 어느새 도시엔 어둠이 드리운다. 언덕 위 빈민촌부터 불이 하나 둘 켜진다. 그 모습이 싫지 않다.

　2015.11.19.1:28PM(한국시간기준). 볼리비아 라파즈 BASH AND CRASH호스텔에서 작성.

TIP

▶▶ 마녀시장

라파즈엔 독특한 시장이 있다. 이름하여 '마녀'다. 볼리비아는 제국주의 스페인의 침탈에 따른 기독 역사가 300년이 넘었다. 그럼에도 불구하고 토속신앙도 아직 존재한다. 마녀시장은 토속신앙과 관련된 물품이 거래되는 장소다. 가장 대표적인 건 가게 입구마다 걸려있는 말린 라마와 라마의 태아다. 돌하르방을 닮은 석상들과 벌레를 빻은 가루도 흔하다. 마녀시장을 비롯한 볼리비아의 시장들은 저렴한 물가로도 유명하다. 또 라파즈 인근 차칼타야산은 해발고도 5300미터가 넘는데 이곳엔 과거 세상에서 제일 높은 스키장이 있었다. 그러나 온난화 탓에 지금은 눈이 많지 않다. 라파즈 현지 여행사나 숙소에서 알아본 후 방문해볼 것을 권한다.

'사표' 쓰고 지구 한 바퀴

Ep.091

삶, 내가 죽어봐야 너를 알겠다
가난한 모차르트

볼리비아의 법정 수도 수크레(Sucre)에 도착한다. 다음 여정지이자 남미 여행의 백미 중 하나인 '우유니 소금사막(Salar de Uyuni)'으로 가기 전 휴식을 취하기 위해 찾은 곳이다.

수크레의 건물들은 온통 새하얗다. 이 모습이 아름다워 유네스코 세계문화유산으로 지정됐다. 마당이 너른 숙소도 하얗고 깨끗하다. 오랜만에 만나는 따스한 기후가 반갑다. 그리스의 휴양지 산토리니가 떠오른다.

짐을 풀고 잠시 눈을 붙인다. 시장에서 닭과 밥으로 요기하고 과일쥬스를 마시며 저녁길을 거닌다. 거리엔 젊은이들로 가득하다. 거쳐온 중남미 도시 중 가장 많이 보이는 멋쟁이들이 눈길을 끈다. 성당에선 막 결혼식이 끝났다. 신부의 드레스가 새하얀 성당과 잘 어울린다.

골목길로 들어서는데 누군가가 '아미고(Amigo, 친구)'하며 손을 잡아끈다. 마침 이달이 수크레의 '문화축제' 기간이란다. 프로그램을 보니 다양한 음악, 춤, 영화 행사가 준비됐다. 내주 월요일엔 모차르트의 오페라도 열릴 예정이라 가 보기로 한다. 볼리비아에서 모차르트라니. 이래서 여행이 좋다.

다음날. 머리가 허옇게 센 전직 은행원과 낮술을 마시며 이런저런 얘기를 나 눈다. 나이도 성별도 무관한 여행자로서 우리들의 결론은 하나였다.

'죽어봐야 인생을 알겠다.'

11월 21일 수크레의 모 호스텔. 며칠 전 페루서 잠시 인사를 나눴던 60대 한 국 어르신과 다시 조우한다. 술도 다시 등장한다. 볼리비아엔 '쿠바리브레(쿠바 의 자유, 콜라에 럼을 섞은 칵테일)'라는 맛있는 술이 마치 음료처럼 페트병에 담아 판 매된다. 그리고 알콜도수 37도의 전통술도 흔하다. 마트서 그 술들을 사온다. 이어 이미 홀로 여행한지 몇개월째인 어르신의 비장무기 '고추장'이 등장한다. 고추장에 인근 시장서 사온 돼지고기 한근, 양파 세개, 마늘 두쪽을 볶아 만든 안주가 등장한다. 아! 얼마만에 보는 두루치기인지.

안주와 술이 준비됐다. 당연히 다음은 사람, 그리고 이야기다. 부모님 이야 기, 여행 이야기, 퇴직 사연, 자식 걱정, 미래 걱정, 과거 걱정. 이런 것들이 오 고간다. 이야기와 술에 모두 취한다.

과연 정답이 있을까. 돌아봐야 보이겠지만 본다고 해서 그 어떤 의미가 있을 까. 그저 하루하루 건강하게 행복하게….

오답일까. 우리의 결론은 다음과 같았다. '인생은 나.'

어느덧 해가 기운다. 달이 방긋 웃는다.

그 다음날. 남미 볼리비아 수크레 마리스칼 대극장에서 소박한 모차르트를

만난다. 독일 베를린 필하모니홀
에서 보았던 화려한 사람들을 떠
올린다.

11월 23일 수크레의 마리스칼
대극장. 시립 문화축제 기간이라
오페라를 보기로 한 터다. 여긴
인터넷 예약 따윈 없다. 오로지
선착순이다. 그리하여 오후 2시
길거리 포스터에 적힌 극장을 어
렵사리 찾아 안으로 들어선다. 새
하얀 극장은 무척 작고 무대선 리
허설이 한창이다. 갑자기 들어선
동양인 두명을 보고 잘생긴 청년
이 다가온다.

"무슨 일이시죠?"

"네, 오늘 저녁 모차르트 오페
라 '바스티엔과 바스티안'을 보려
구요."

"아, 오후 3시에 오시면 티켓을
구하실 수 있을 겁니다."

"얼마죠?"

수크레에서 본 모차르트 오페라 공연 인사.

수크레의 한 성당에서 결혼식을 올리는 이들.

"무료입니다."

한국어로 '무료'라는, 영어로 '프리'라는 말이 피어오르는 청년의 입모양이 괜히 눈부시다. 웃음이 나온다.

시간이 남아 목적없이 걷는다. 이날도 수크레는 깨끗하다. 시장서 점심식사를 마치고 계속 거닌다. 길거리 커피 자판기에 한국 연예인 권상우 씨의 사진이 붙어있다. 커피는 한 잔에 한화 1000원. 거부할 이유는 없다. 공원에서 따스한 햇살을 만끽한다.

오후 3시. 다시 극장을 찾는다. 그러나 여전히 리허설만 한창이다. 앞서 만났던 잘생긴 청년이 무대서 힘차게 노래하고 있다. 숙소로 돌아와 휴식을 취하고 저녁 6시경 다시 극장을 찾는다. 고대하던 티켓창구의 문이 열렸다. 나무판에 그려진 좌석마다 종이가 꽂혀있다. 직원이 앉고 싶은 곳을 골라 손으로 종이를 뽑으란다. 맨 앞줄 2자리를 뽑아 종이를 펴보니 그게 바로 티켓이다. 합리적이고 정직한 방식이다.

그런데 7시 30분 시작한다던 공연은 시작할 기미조차 보이지 않는다. 한 청년이 내달 열리는 모차르트 진혼곡 공연 안내문을 배포할 뿐이다.

8시. 드디어 불이 꺼지고 막이 오른다. 이 오페라는 단지 3명의 성악가만 나오는 '징슈필(연극처럼 대사가 있는 독일 오페라)'이다. 모차르트가 12살때 쓴 사랑스런 가작으로 소박한 극장과도 잘 어울린다. 특히 이날 공연엔 발레도 삽입됐다. 이런들 저런들 어떠하랴. 음악은 말그대로 음을 통한 즐거움일 뿐.

1시간 후 공연이 끝나고 숙소로 돌아오는 길, 앞서 들렀던 독일 베를린 필하모니홀을 떠올린다. 베를린은 이 세상의 음악 중심이다. 그래서인지 그곳에 모

'사표' 쓰고 지구 한 바퀴

였던 현지인들은 세계일주 중 보았던 이들 중 가장 화려했다. 여성은 모두 드레스, 남성은 모두 정장차림으로 한 손엔 샴페인을 들고 있었다. 그들의 얼굴에선 자부심도 엿보였다.

수크레의 한 숙소서 60대 여행자와 해먹은 닭볶음탕과 맛있는 술 쿠바리브레.

물론 자부심을 가질만큼 베를린 필의 연주는 뛰어났다. 아니, 내가 태어나서 직접 들었던 것 중 최고였다.

그래도 이날 남미서 만난 귀여운 모차르트, 소박한 모차르트, 가여운 모차르트. 이 역시 오래 기억될 듯했다.

이 세상에 존재하는 그 어떤 음악도 결국은 눈물겨운 행복일 터이니….

2015.11.24.11:51PM(한국시간기준).
볼리비아 수크레 Casa de Huespedes condor B&B에서 작성.

Tip

➡ 여행자 천국

수크레는 깨끗하고 상대적으로 안전한 여행자들의 천국이라 부를만한 행복한 도시다. 숙소도 깨끗하고 저렴하며 재래시장에서 뷔페식으로 골라먹는 식사도 무척 맛있다. 볼리비아에 갔다면 반드시 들러서 장기여행에 지친 심신을 쉬어가도록 하자.

세상에서 가장 큰 거울

건기(乾期)라서 기대치가 낮았었기 때문일까. 남미 볼리비아 우유니 소금사막(Salar de Uyuni)의 환상적인 풍광에 압도된다.

11월 25~26일 이틀간 우유니 소금사막을 둘러본다. 매년 1월 우기(雨期)가 되면 너른 소금사막의 표면이 녹는다. 그 위로 하늘과 사람이 반사되는 비현실적인 풍광 때문에 '세상에서 가장 큰 거울'이라고 불린다.

많은 이들은 우유니 소금사막을 남미 여행 혹은 세계일주의 백미(白眉)로 꼽는다. 나와 K는 앞서 아프리카 에티오피아의 '다나킬디프레션(다나킬침하지역)'에서 소금사막에 방문한 바 있다. 그러나 비가 내리지 않는 극한지역인 그곳의 소금사막은 그저 거대한 빙하를 연상시켰을 뿐이다.

'백색도시' 수크레에서 밤샘버스를 타고 25일 새벽 우유니에 도착하자마자 소금사막 투어부터 알아본다. 몇 곳을 돌아보다가 일본인이 많이 이용한다는 모 여행사에서 귀가 솔깃해지는 제안을 받는다.

미리 알아본 이 여행사의 소금 사막 일출, 일몰 투어는 각각 일곱 명이 탑승하는 차량당 800볼(한화 약 14만원)이 정가다. 일인당 한화 2만원 가량인 셈이다.

그런데 차량당 900볼을 내면 걷기임에도 불구하고 물이 가득찬 곳으로 데려다 주겠단다. 바가지를 씌우는 건 아닐까. 흥정을 시도해보지만, 주인장은 자신있다는 표정으로 일관할 뿐이다. 그의 말이 사실일까. 최근 소금사막에 다녀온 여행자들의 사진을 보니 우유니엔 물이 거의 없었다.

그럼에도 불구하고 크게 부담이 되는 금액은 아니다. 주인장을 믿어보기로 하고 일몰, 일출 투어를 신청한

하늘과 땅을 분간하기 어려운 볼리비아 우유니 소금사막.

다. 그리하여 25일 해질무렵 우유니 시내로부터 1시간 가량을 달려 당도한 소금사막.

오! 정말로 물이 가득 차있다. 그 물위엔 하늘과 산이 그려져있다. 잠시 후

서쪽 하늘에 달이 뜨니 땅에서도 달이 뜬다. 장화를 신고 물 위에 선다. 어디선가 불어온 바람에 반사된 대자연이 미묘하게 흔들린다. 모 초현실주의 화가의 대작을 연상케 한다.

늦은밤 숙소로 돌아와 선잠을 잔 후 다음날 새벽 2시 30분 다시 여행사로 향한다. 무척 피곤하다. 차량에 몸을 싣고 새벽 4시쯤 도착한 소금사막은 컴컴하고 달만 밝다.

새벽 5시 40분, 붉은 해가 땅과 하늘에서 동시에 모습을 드러낸다. 운좋게 바람도 불지않아 정말 거대한 거울을 연상케한다. 생전 처음보는 풍광에 피곤함도 싹 가신다. 많은 이들이 남미 여행 대표사진으로 우유니를 택하는 이유를 저절로 알게 됐달까. 필자도 셔터를 누르기에 바쁘다. 어색한 점프샷도 남겨본다.

아침 8시경 숙소로 돌아와 깊이 잠든다. 이틀간 제대로 잠들지 못했다. 단잠에서 깨어나니 오후 2시. 숙소앞 광장에서 담배를 태운다. 몇시간 전 경험은 정말 생시였을까. 실감나진 않는다.

2015.11.26.10:40PM(한국시간기준). 볼리비아 우유니 HOSTAL 6 DE FEBERERO에서 작성.

'사표' 쓰고 지구 한 바퀴

Ep.093

별없는 달의 계곡

　황량한 국경을 넘는다. 11월 27일 새벽 4시 남미 볼리비아 우유니 버스정류장에서 칠레 깔라마(Calamar)로 향하는 국제버스에 탑승한다. 날은 차다. 버스도 차다. 어둠을 뚫고 새벽 6시경 칠레와의 국경에 도착한다. 모래벌판 위에 서있는 작은 가건물. 그게 이미그레이션이다. 개들이 쉴새없이 사랑을 나눈다. 낡은 기차가 가끔 지나간다. 허름한 여행자들은 출국사무소 직원의 출근만을 기다린다. 모래바람이 분다.

　아침 8시 30분 사무소의 문이 열린다. 출국세 17볼을 지불한 후 출국도장을 받는다. 다시 버스에 올라 10여분을 달려 도착한 칠레 입국장은 다소 살벌하다. 선글라스를 낀 장년이 긴 드라이버를 들고 여행객들의 짐을 스윽 훑어본다. 마치 산산히 분해해 보겠다는 듯.

　입국심사 후 도장을 받고 짐검사를 하는데 하필 그 장년이 내 담당이다. 그

칠레 달의 계곡 인근 마을의 한산한 풍경.　　　칠레 달의 계곡.

가 나의 기념품 봉투를 보고 그게 뭐냐고 묻는다. 봉투엔 유럽에서 구입한 클래식 레코드가 몇 장 담겨있다.

"엘피, 무지까(음악) 입니다." "오 무지까!"

그가 갑자기 손을 흔들며 선율을 그린다. 그가 나의 비상식량 김을 보더니 또 뭐냐고 묻는다.

"코리안스낵 입니다."

"오 코리안스낵, 참참참!"

그가 입맛을 다신다. 앞서 보였던 카리스마는 간데 없다. 웃음이 난다.

이렇게 칠레 국경을 무사히 넘어 인근 도시 깔리마에 닿는다. 목적지인 아타카마(Atacama) 사막으로 가는 버스는 하차 터미널로부터 3블럭 옆 다른 터미널에 있단다. K 및 젊은 한국 여행객 두분과 5분을 걸어 터미널에서 표를 구입하고 인근 식당에서 식사한다.

버스가 황량한 사막을 지나 아타카마 사막에 도착한 시간은 저녁 7시. 풍력 발전기가 힘차게 돌고 있다. 볼리비아와의 시차로 1시간을 손해봤다. 이제 한국과는 딱 12시간 차이다. 터미널에서 다음 여정지인 아르헨티나 살타(Salta)행 국제버스 티켓을 구입하고 예약해둔 숙소에 당도한다.

짐을 던져두고 돌아본 아타카마는 관광객으로 가득한 귀여운 사막마을이다. 본적은 없지만 드라마 '별에서 온 그대'로 유명세를 탔다고 한다. 거리에서 다음날 참가할 '달의 계곡' 투어를 신청하고 숙소로 돌아오며 검은 하늘을 본다. 만월로 별은 많지 않다. 드라마는 드라마다.

샤워를 하다가 '(아타카마는) 세상에서 가장 건조한 지역'이라는 칠레 관광청의 말을 믿어보기로 한다.

말없이 빨래해 마당에 넌다.

다음날 아침. 전날밤 널어둔 빨래가 아침에 바짝 말랐다. '세상에서 가장'은 모르겠지만 '건조하다'는 칠레 관광청의 말은 사실이었다.

11월 28일 아침 남미 칠레 북부 아타카마 사막의 산페드로(San Pedro) 마을을 산책한다. 간간히 불어오는 모래바람과 마을 한가운데 모래색 성당이 사막임을 실감케 한다.

두어시간이면 모두 둘러볼 수 있는 자그마한 곳이지만, 관광인프라는 잘 돼 있다. 숙소 마당에서 연한 소고기를 구워먹으며 며칠 푹 쉬어가도 좋을 만한 곳이다.

이날 오후 투어로 둘러본 '달의 계곡'은 과거 물속에 잠겨있다가 대륙판이 융기하면서 해수면 위로 드러난 독특한 지형이다. 모래 위로 보이는 흰 가루들은 모두 소금이고 오랜시간 비가 내리지 않았다.

지구같지 않은 특이한 자연이 눈길을 사로잡는다. 이런 풍경이 달의 표면을 닮았다고 해서 달의 계곡이다.

오후에 출발에 저녁에 돌아오는 투어에서 가장 유명한 장소는 사막위로 떨어지는 해를 보기 위해 방문하는 '코요테 언덕'이다. 터키 카파도키아와 미국 그랜드캐년의 경관을 모아 축소해둔 듯한 곳인데, 정비되지 않은 절벽에서 붉은 석양을 바라볼 수 있어 인기다.

실제 경관도 뛰어나지만, 사진은 더 잘나온다. 그랜드캐년보다는 규모가 작지만, 이렇다 할 안전장치가 없다는 점이 장점이라면 장점이다.

날것의 자연을 만끽할 수 있다고나 할까. 물론 절벽위에서 떨어지면 그대로 저승행이니 신중을 기해야 한다.

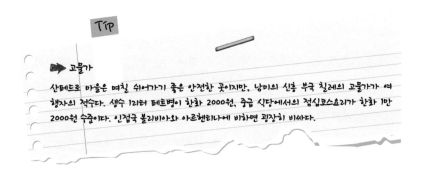

Tip

➡️ 고물가

산페드로 마을은 며칠 쉬어가기 좋은 안전한 곳이지만, 남미의 신흥 부국 칠레의 고물가가 여행자의 적수다. 생수 1리터 페트병이 한화 2000원, 중급 식당에서의 점심코스요리가 한화 1만 2000원 수준이다. 인접국 볼리비아와 아르헨티나에 비하면 굉장히 비싸다.

'사표' 쓰고 지구 한 바퀴

탱고에는 실수가 없다

"돈데 에스 깜비오?(Donde es Cambio? 환전소가 어디죠?)"

내 질문을 받은 버스터미널 내 관광안내소 직원이 말없이 손가락으로 왼쪽을 가르킨다.

"그라시아스.(Gracias, 감사합니다.)"

11월 29일 남미 아르헨티나 북부의 요충도시 살타(Salta) 버스 터미널에서 암환전을 시도한다. 여긴 공식환율과 암환율이 동시에 존재하는 '이상(한)경제'의 나라다. 그리고 며칠 전 대선이 끝났다. 장기 집권을 해온 좌파정권이 패배했다. 기업인 출신인 당선자는 고질병인 암환율을 없애겠다고 천명했다.

나같은 여행자는 당선자의 공약이 '空約(헛된약속)'이 되길 바란다. 암환율과 공식환율은 최대 58% 이상 차이가 난다. 암환율이 절대적으로 유리하다.

이에 따라 공식환율이 적용되는 은행 ATM과 신용카드 사용은 손해다. 일례로 필자는 아르헨티나의 수도 부에노스아이레스에 있는 유서깊은 '콜론 대극장'에서 며칠 후 열리는 바그너 오페라 '파르지팔' 관람권을 인터넷으로 예약했는데 신용카드로만 결제가 가능해 손해를 봤다.

다시 처음으로 돌아와, 관광청 직원이 손가락으로 가르킨 곳까지 가서 '깜비오(환전)?'라고 물었지만 환전소는 없다. 옆에서 우릴 지켜보던 푸른옷을 입은 잘생긴 현지인 청년이 자기를 따라오란다.

그를 따라 간 곳은 황당하게도 터미널 내 버스 티켓 판매처와 짐보관소. 버스 티켓 판매처 직원은 처음보는 동양인에 대한 암환전을 거부했고, 짐보관소 직원이 미화 1달러당 13.5페소(아르헨티나 통화)의 환율을 제시했다. 그에게 미화 20달러 2장을 내주고 520페소를 손에 쥔다.

어느 나라에서나 여행의 시작은 환전이다. 여행자에게 아르헨티나 하면 떠오르는 건 유명한 '탱고'도 값싸고 질좋은 소고기 스테이크도 와인도 아닌 암환전이다.

당장 쓸 돈을 손에 쥐고 너른 숙소에 방을 잡고 푹 쉰다. 다음날 아침 환전상이 밀집해 있다는 광장 성당앞으로 나선다. 한화 100만원에 달하는 아르

살타의 노천카페.

'사표' 쓰고 지구 한 바퀴

헨티나 여행경비를 조달하기 위해서다.

성당 앞에서 10여분을 서성거리니 얼굴이 검은 두어명의 중년이 우리에게 접근한다.

1달러당 14.5페소를 제시하길래 14.7페소까지 흥정한다. 흥정을 끝내자마자 필자는 앞서 중미 니카라과에서 뽑아온 20달러 지폐 40장을 내민다. 이어진 그의 답.

"아, 깨끗한 100달러 지폐가 아니면 환율이 낮아져요. 1달러당 14.2페소까지만 쳐주죠."

와인 한 병에 4000원, 스테이크는
1만4000원인데 맛이 환상적이다.

미리 정보를 수집했던 것과 같은 말이다. 100달러, 50달러 지폐의 환율은 다르다고 들었다. 아쉽지만 어쩌나, 그의 말대로 총 800달러를 환전해 복대에 감춘다.

환전하고 공원을 거니는데 현지인 청년과 처녀가 영어로 말을 건다. 어디서 왔냐길래 한국서 왔다 했다. 그리고 내가 수집하는 엘피(레코드) 구입처에 대한 정보를 얻고 악수하고 돌아서는데 갑자기 그가 종이를 꺼낸다.

아! 이런, 그가 내게 건낸 건 '여호와의 증인' 포교문. 그것도 한글로 적힌 인쇄물이다. 그는 각나라의 언어로 번역된 포교문을 가지고 있다고 한다. 앞서 페루의 수도 리마에서 만난 여호와의 증인 한인 아주머니들에 이어 남미에서만 두번째 경험이다.

오! 놀라운 종교의 힘이여! 그리고 서양 청년이여! 내가 알던 세상은 좁고 좁을 뿐이로구나.

뭔가 다이내믹했던 이날 저녁. 유명한 스테이크 전문점에 들어선다. 아르헨티나, 특히 살타는 질좋은 소고기와 와인의 저렴한 가격으로 유명하다. 고급 식당임에도 와인 한병에 한화 4000원, (생애 최고로) 두툼한 스테이크(그리고 맛있는)가 한화 1만4000원 정도다. 재미있는 사실은 여기선 미국 프랜차이즈 맥도날드 고가 세트메뉴의 가격이 스테이크와 잇비슷하다는 점이다.

잘 익은 스테이크를 씹으니 입안에 육즙이 가득하다. 혼란 속 달콤쌉싸름했던 이틀간의 재미같은 맛을 음미한다.

숙소로 돌아와 다시 듣는다. 탱고를.

'두려워 말아요. 탱고에 실수란 없어요. 인생과는 달리. 바로 그 점이 탱고를 멋지게 만들죠.'

서양 배우 알파치노의 영화 『여인의 향기』 속 대사다.

2015.12.1.11:07AM(한국시간기준),
아르헨티나 살타 BACKPACKER'S SUITE 호스텔에서 작성.

TIP

➡️ 스테이크! 스테이크!

살타에서는 스테이크를 놓치지 말자. 값싸고 질좋은 소고기로 유명한 아르헨티나 내에서도 가장 맛있고 저렴한 스테이크를 맛볼 수 있다. 정육점에서 고기를 구입해 직접 요리하면 저렴한 가격과 환상적인 맛에 놀랄 것이다.

'사표' 쓰고 지구 한 바퀴

Ep. 095

좋은 공기 그리고 다시 탱고

    좋은 공기를 가슴으로 마신다. 12월 4일 남미 아르헨티나의 수도 부에노스 아이레스(Buenos Aires). 스페인어로는 '좋은 공기'라는 의미다. 이 거대한 도시는 노동자를 사랑했던 여성 정치가 에바페론(에비타, Evita)과 그녀를 위한 뮤지컬 음악 『Don't cry for me argentina(나를 위해 울지 말아요 아르헨티나여)』, 매춘부 앞에 줄을 선 남성들이 췄다던 정열적인 춤 '탱고(Tango)', 그리고 뜨거운 축구 열기로 유명하다. 20세기 초반 세계에서 손꼽히는 강대국의 수도였지만, 현재는 경제위기로 몸살을 앓고 있기도 하다.

    무엇보다 예술의 향기가 짙어 흔히 '남미의 파리'로 불린다. 세계에서 다섯손가락안에 드는 거대한 오페라극장 '콜론', 남미미술을 집대성한 미술관 'MALBA', 그리고 다양한 장르의 음악당이 지천이다.

    이날 오전 세계에서 가장 저렴하다는 아찔한 스카이다이빙을 체험한다. 저

부에노스아이레스의 저렴한 스카이다이빙을 기다리고 있는 필자. 스카이다이빙은 매우 짜릿한 경험이다. 낙하 중 마지막 몇 분은 패러글라이딩도 즐길 수 있다.

부에노스아이레스의 중앙대로. 세계에서 가장 넓은 대로다. 멀리 빌딩에 에비타의 모습이 보인다.

녘엔 개업 160년이 넘은 '카페 토르토니(Cafe Tortoni)'에서 탱고를 본다. 토르토니는 아르헨티나 출신 거장 피아니스트 아르헤리치와 남미 대표 소설가 보르헤스가 자주 찾았다는 곳이다. 이 두가지 경험은 상이하면서도 공통된 쾌감을 선사했다. 짜릿함이다.

늦은밤 세계에서 가장 넓은 도로위에 서서 사람들을 바라본다. 숙소 인근 극장에선 프랑스 칸느 영화제 출품작들이 상영되고 있다. 이곳은 말 그대로 남미의 파리, 혹은 남미의 런던이 아닐까.

거리 곳곳엔 보라색 꽃이 만개했다.

12월 5일 저녁 7시 부에노스아이레스서 여성정치가 에비타의 묘소 인근에 위치한 공연장에서 대사가 없는(논버벌) 공연 『잔혹한 힘(스페인어로는 Fuerza Bruta)』을 본다.

이 공연은 올해로 상연 10년을 맞았고 전 세계로 수출되고 있는 효자 상품이다. 아르헨티나의 『난타』랄까. 공연이 역동적인 관계로 한시간이 넘는 시간

'사표' 쓰고 지구 한 바퀴

동안 서서 봐야하는데 천정부터 바닥까지 공간 전체가 활용된다.

타악을 동반한 비트가 강한 음악이 연주되고 한 남자가 무대 가운데서 달린다. 그는 벽을 뚫기도 하고 총에 맞기도 한다.

그가 지친듯 드러눕자 하늘에선 물이 가득찬 투명 수조가 내려온다. 차오르는 물 속에서 속옷 차림의 소녀들이 태아의 모습으로 서로 엉겨 춤을 추기 시작한다. 이어 소녀들이 바닥에 힘껏 몸을 날리고 관객들은 바로 아래서 소녀들을 바라본다. 장관이다. 관객들이 부서지는 물소리에 맞춰 환호성을 지른다. 이어 물이 뿌려지고 축제가 열린 듯 흩날리는 꽃가루들. 클럽을 방불케 하는 광란 속 막이 내린다.

"이 쇼는 머리를 쓰게 만들지 않습니다. 70분간 우리는 당신의 몸, 당신의 느낌과 이야기를 하고, 그럼으로써 당신은 감정의 여행을 경험할 수 있을 것입니다." 연출가 디키 제임스의 말이다.

현대인의 스트레스를 표현했달까. 실제 미국 뉴욕에선 오래 인기를 끌고 있고, 지난 2013년 대한민국 공연에서도 그랬다고 한다.

유서깊은 카페 토르토니의 탱고 공연.　　　유명한 음악극 '잔혹한 힘' 공연 모습.

이어 다음날. 탱고 엘피(레코드)를 찾아 이틀간 아르헨티나를 헤맨다. 12월 6일 오전 부에노스아이레스의 산텔모 일요시장(San Telmo Market). 전날 시내 중심가를 돌면서 엘피를 찾아봤지만 마땅치 않았다. 몇 장 보이긴 하는데 질과 가격이 모두 엉망이다. 앞서 질좋고 저렴했던 런던, 파리, 부다페스트, 프라하의 사정과는 180도 다르다. 물론 그곳에 탱고는 없었지만.

규모가 제법 큰 가게에서 한장 한장 엘피를 넘기는 내 표정이 갈수록 구겨진다. 그래도 친절한 점원들.

"내일 산텔모 시장에 가보세요."

마침 다음날 아침 일찍 어릴적 친구와 그곳에서 만나기로 한 터다. 친구는 브라질에서 일하고 있어 고교 졸업 후 처음 만나는 것이다.

다음날 아침이다. 그런데 이런, 늦잠을 잤다. 서둘러 친구에게 양해 메신저를 보내고 약속 시간보다 늦게 길을 나선다.

K와 시장 입구를 서성이는데 친구와 우연히 마주친다. 여전히 동안인 친구는 장인어른과 친아버님을 모시고 휴가를 즐기고 있다. 대단하다.

이국땅에서 반가운 조우를 마치고 본격적인 사냥(?)에 나선다. 그런데 시장의 규모가 예상보다 훨씬 크다. 영국 노팅힐보다는 작고 프랑스 방브보다는 커 보인다.

다행히 엘피를 파는 곳이 간간히 있다. 탱고의 전설 카를로스 가르델과 피아졸라를 찾아보는데 모두 가격이 상당하다. 그리하여 일단 그들은 놓아두고 인상이 넉넉한 주인장이 소개해주는 걸 중심으로 쓸어담는다. 상대적으로 유명하지는 않아 가격은 헐하지만 연주는 좋단다. 어차피 귀국 전엔 들을 수 없고

'사표' 쓰고 지구 한 바퀴

부에노스아이레스의 유명한 시장 산텔모. 가히 세계최대 규모다.

난 탱고를 잘 모른다. 그를 믿어보기로 한다. 장당 한화 5000원이 안되는 것들로만 10장을 손에 넣는다.

내 목적은 엘피지만 K의 목적은 다르다. 함께 몇시간을 걸으며 K가 이것 저것 아기자기한 것들을 구입한다.

그런데 타국에선 볼 수 없었던 재미있는 물건들이 많아 내 구미도 당긴다. 지갑을 몇 번 열려다가 한화로 무려 4만원가까이 하는 피아졸라의 엘피를 생각하며 참는다. 앞서 늙은 주인장과 가격흥정을 했으나 실패했던 터다. 오후에

필자는 산텔모 시장에서 고교동창(오른쪽)을 만났다.

다시 가볼 참이다.

거리에 보이는 레코드로 만든 가방, 카세트테이프를 활용한 손지갑, 작은 악기류, 가죽 제품 등에 자꾸 눈길이 간다. 그렇지만 피아졸라의 강렬한 유혹을 넘어서진 못한다.

그런데 갑자기 귀를 잡아 끈 길거의 연주가의 기타 연주. 찜해둔 피아졸라의 앨범명이자 곡명인 『리베르탱고』다. 정신없이 듣다가 그의 씨디 두장도 구입한다. 명백한 초과지출이다.

시간은 어느덧 오후 4시. 예약해둔 오페라를 보기 위해 떠나야할 시간이다. 급히 주인장에게 다시 찾아가 피아졸라를 손에 쥔다. 역시 한푼의 할인도 없지만 기분은 좋다.

2015.12.8.06:20AM(한국시간기준),
아르헨티나 부에노스아이레스 PUNTO CERO호텔에서 작성.

TIP

➡️ 할인쿠폰

푸에르자 부르따나 탱고 등 공연 입장권 가격은 요일별로 다르다. 매일 아침 11시 부에노스아이레스의 상징 오벨리스크 인근 할인쿠폰 판매처로 가면 당일 티켓을 50%까지 저렴하게 구입할 수 있다. 영국 런던의 그것과 비슷한 할인쿠폰 판매처에서는 이 공연을 포함한 다양한 당일 공연 할인쿠폰을 구할 수 있다. 여행의 상식. 부지런해야 싸진다.

'사표' 쓰고 지구 한 바퀴

망신살이 뻗치다

"반바지 차림으로는 입장하실 수 없습니다. 자, 여기 저의 멋진 차림새를 보세요. 여긴 오페라, 오!페!라! 극장입니다."

망신살이 하늘끝까지 뻗쳤다. 12월 6일 오후 남미 아르헨티나 부에노스아이레스의 유서깊은 콜론 극장(Colón Theater) 우측 출입구. 콜론 극장은 오스트리아의 '빈 스타츠오퍼', 이탈리아의 '라 스칼라' 등과 함께 세계에서 손꼽히는 극장이다. 입석을 포함하면 무려 3000명이 넘는 관객을 수용한다. 얼핏 봐도 빈 스타츠오퍼보다 크다.

남미와 클래식은 언뜻 거리가 멀게 느껴지지만 아르헨티나는 조금 다르다. 현존하는 세계 최고 마에스트로 다니엘 바렌보임과 거장 피아니스트 마르타 아르헤리치가 이곳 출신이며 제2차 세계대전 당시 '빅5 마에스트로'로 꼽혔던 오스트리아의 거장 에리히 클라이버가 독일 나치를 피해 이곳으로 망명해 활

부에노스아이레스 고전 음악의 자존심 콜론극장.

'사표' 쓰고 지구 한 바퀴

동한 바 있다. 에리히 클라이버의 아들이자 역시 천재 지휘자인 카를로스 클라이버의 이름이 아르헨티나식인 까닭도 여기에 있다.

콜론 대극장은 이처럼 유서가 깊은 곳이다. 그러나 이곳은 자유분방해 보이는 남미였고, 날씨는 더웠고, 필자는 산텔모 일요시장을 둘러보다가 시간이 늦어 반바지 차림으로 방문했다. 그런데 설마했던 일이 현실이 된 것이다. 근사한 정장을 빼입은 경비원에게 출입을 제지 당한다.

그는 나를 안으로 불러들이더니 5분여간 큰소리로 설교한다. 오페라, 예의 이런 단어들이 반복해서 들린다. 대부분 현지 노년층인 다른 관객들의 차림은 매우 점잖다. 모두 불쌍하다는 듯 나를 보고 있다. 내 얼굴은 점점 붉어진다. 규정을 어겼으니 들어가선 안되지만 일부러 사전 인터넷 예약까지 했던 공연이다. 공연 20분 전이라 옷을 갈아입고 올 시간도 없는 상황이다.

나는 '로시엔또(Lo Siento, 스페인어로 죄송합니다.)', 미안하다는 말만 반복한다.

경비원은 마지막으로 '입장이 불가능하다'고 단호하게 말하더니만 내 손을 잡아 엘리베이터 쪽으로 슬쩍 보낸다. 본인은 할만큼 했고 모처럼 동양인이 오페라를 보러 왔으니 한 번 봐주기로 한걸까. 노인들과 함께 5층까지 오르는 엘리베이터에 탑승한다. 여전히 가슴이 쿵쾅거린다.

엘리베이터에서 내리는데 목발을 짚고 눈빛이 고운 할머님이 다시 훈계를 시작하신다. "이런 곳에 오려면 옷을 갖춰 입어야 해요." 이미 내 얼굴은 핏빛이다. 다리가 후들거린다. 망신살은 우주까지 닿을 기세다.

여긴 이렇게 엄격하구나. 생애 첫 남미 대형극장 공연이라 현지 분위기도 모른다. 정말 숙소로 돌아가야 하나 생각하는데, 이번엔 키가 나보다 크고 풍채

탱고 포르티뇨 극장 안내판.

가 좋은, 정말 멋지게 차려입은 할머님 한 분이 또 내게로 오신다. '아! 돌아가야겠다.'

이날 공연은 독일 작곡가 바그너의 마지막 악극 『파르지팔』. 흔히 볼 수 없는 대형직품이다. 그리고 아름답기로 소문난 콜론 홀도 꼭 보고 싶다. 그래도 나가야겠다.

그런데 그 할머님이 내 앞에 서서 말씀하신다. "예술을 즐기는데 복장이 무슨 소용인가요." 이어 내 어깨를 두드려 주신다. 1층부터 나의 망신살을 봐오다 너무 딱해 보이셨나보다. "감사합니다. 그래도 제가 잘못했죠. 즐거운 관람 되십시오."

꾸벅 인사하고 도망치듯 예약해둔 자리를 찾아 앉으려는 찰나, 반바지에 라운드티를 입은 중국인 청년 4명이 우르르 들어선다. 내 홍당무같은 얼굴에 뜨거운 고추기름을 한사발 끼얹은 느낌이랄까. 같은 인종의 추태를 거든 셈이다.

공연 시작과 함께 불이 꺼지자 그제서야 조금 안심한다. 오페라엔 긴바지다. 이는 자유분방한 남미에서도 예외는 아니다. 이런 내 반성엔 아랑곳없이 음악이 익어간다.

이날 밤. 거대한 탱고에 흠뻑 젖는다. 필자는 사실 부에노스아이레스에 도착하자마자 이곳에서 탱고를 보고 싶었다. 부에노스아이레스 '콜론 대극장' 바로 옆은 커다란 '포르티뇨 탱고극장'이다. 딱봐도 배낭여행자에겐 비싸보였지만

그냥 끌렸다. 늦은밤 세계에서 가장 넓은 대로를 밝혀주는 극장의 '탱고' 문패
가 근사했다. 그림의 떡 같았달까.

남미 아르헨티나 부에노스아이레스에서 제대로 된 탱고쇼를 보기위해 며칠
간 분주했다. 여긴 탱고를 포함해 셀수없이 많은 극장이 있다. 유명한 가수가
나오는 '세뇨르탱고', 탱고의 대명사 '카를로스가르델탱고', 강변에 있는 '마데
로탱고' 등 이런 저런 정보를 모았다. 현지서 이름난 곳들은 요금은 식사와 한
시간 레슨을 포함해 한화 10만원 내외로 가격이 상당했다.

막바지 마음이 기운곳은 모 한인숙소에서 섭외해주는 '콤플레호탱고'였다.
저녁식사와 레슨을 포함한 요금이 한화 6만원 이하로 저렴했기 때문이다. 그
런데 다녀온 분의 말을 들어보니 '식사와 레슨은 좋았지만 무희가 많이 나오지
는 않았다'고 한다. 작은 탱고는 이미 앞서 '카페 토르토니'에서 본 터다. 그리
고 식사가 무슨 대수랴.

12월 6일 저녁 콜론에서 오페라 관람 후 포르티뇨 극장을 지나다가 티켓부
스에 들러본다. 앞서 여행사에서 이미 한화 10만원 가량의 요금을 들어 알고
있었지만 찔러나 보자는 심산이었다. 물론 티켓부스에서도 자리에 따라 요금
은 엄청났다.

그런데 식사와 레슨을 제외한 당일 프로모션이 눈에 띈다. 430페소(한화 약 4
만원)에 불과한데 자리도 맨 앞줄까지 가능하단다. 속으로 쾌재를 부른다. 다만
연휴가 다가오는 관계로 "반드시 이날 봐야 한다"는 직원의 말. 포르티뇨는 내
가 받은 첫인상은 물론, 거리서 만난 현지인으로부터 '부에노스아이레스 최고
의 쇼 중 하나'라고 들었다.

부에노스아이레스 시내에서 흔히 볼 수 있는 거리의 탱고.

부에노스아이레스의 탱고 포르티뇨 극장 전경.

생각할 틈도 없이 바로 결제한다. 숙소로 돌아와 잠시 숨을 돌리고 밤 10시부터 시작한 공연을 본다.

아! 한시간 넘게 놀라운 실황 연주와 무희들의 율동에 넋을 잃는다. 무대도 다채로워 지루할 틈이 없다. 평생 잊지못할 추억이 생겼달까. 운이 좋았다.

자정께 숙소로 돌아오는 택시안. 영화같은 차창밖의 풍경과 라디오서 흘러나오는 옛노래에 만족감이 배가된다. 그리 감상적이지 않은 나를 푹 적실 만큼….

다음날 잠시 둘러본 탱고의 발상지 '라보까 지구' 역시 명성대로 알록달록하다. 거리에 넘쳐나는 많은 사람들. 그리고 아름다운 거리의 무희들.

세계일주 막바지 만난 부에노스아이레스. 사실 당초 계획에는 있지도 않았던 곳이다. 그럼에도 이 도시는 필자에게 큰 행복을 주었다. 그리고 필자와 K는 감사히 만끽했다. 반드시 언젠가는 다시.

2015.12.9.09:40PM(한국시간기준). 아르헨티나 부에노스아이레스 CAFE NAPOLES에서 작성.

'사표' 쓰고 지구 한 바퀴

거대한 물을 지나
브라질로

남미 파라과이–아르헨티나–브라질 국경에 위치한 이과수 폭포(Iguazu Falls)를 둘러보며 흠뻑 젖는다. 미국 나이아가라, 짐바브웨 빅토리아와 함께 세계 3대 폭포 중 하나인 이과수는 원주민어로 '거대한 물'이라는 뜻이다.

12월 10~11일 이틀간 아르헨티나와 브라질 국경을 넘나들며 돌아본 이과수. 세상 모든 폭포 중 수량이 가장 많다. 그래서 20킬로미터 밖에서도 물떨어지는 소리가 들린단다.

미국 그랜드캐년의 거대한 스케일이 연상되는 남미 필수 관광지다.

거대한 이과수 폭포 지도. 아르헨티나–브라질–파라과이 3개 국경에 걸쳐있다.

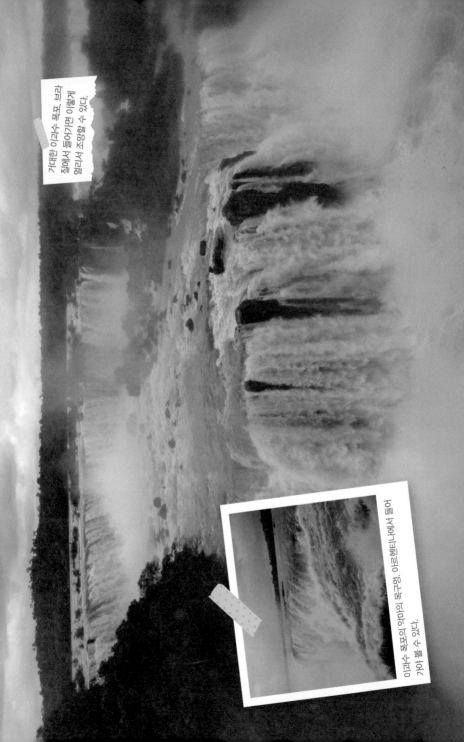

거대한 이과수 폭포 보라
질에서 들어가면 이렇게
멀리서 조망할 수 있다.

이과수 폭포의 악마의 목구멍. 이 트레헨티나에서 들어
가 볼 수 있다.

첫날 본 아르헨티나 측 이과수는 전체를 조망하기 보다는 이른바 '악마의 목구멍'이라는 낙차 1000미터 이상의 거대한 폭포를 지척에서 체험할 수 있는 곳이다. 쉴새없는 굉음을 뚫고 피어난 무지개가 인상적이다. 공원의 규모가 거대해 종일 운행하는 무료 기차가 방문객의 편의를 돕는다.

다음날 아르헨티나를 상징하는 하늘색과 하얀색, 그리고 브라질을 상징하는 초록색과 노란색이 그려진 다리를 건너 출입국 절차를 마치고 본 브라질 측 이과수. 여긴 멀리서 전체를 조망할 수 있는데 규모가 커 카메라로는 표현이 어렵다. 이곳도 역시 종일 공원을 왕복하는 무료 버스가 있다. 폭포 위를 걷다보면 곳곳에서 이구아나와 이름모를 곤충들을 만난다. 물보라 속 기념사진을 촬영하는 이들의 표정이 해맑다.

가까이서봐도, 멀리서봐도 장관인 이과수는 지난 16세기 한 스페인인이 발견한 후 세상에 알려졌다. 20세기 말 유네스코는 이곳을 세계자연유산으로 지정했다.

물보라가 일기 때문에 우의를 미리 준비해야만 한다. 우의가 없으면 속옷까지 흠뻑 젖는다. 물가는 상당히 비싸다. 시내에서 물과 간단한 간식을 준비해가는게 현명하다.

국경을 넘는 버스는 수시로 있으며 현지인용이 아닌 관광용 버스에 탑승하면 버스 차장이 출입국 절차를 간단히 해결해준다. 브라질 측 입구에는 배낭을 보관할 수 있는 라커룸도 있어 편리하다.

브라질 측 이과수 마을 '포즈 두 이과수' 터미널에선 브라질 상파울루(São Paulo)와 리오 데 자네이로(Rio de Janeiro)로 향하는 장거리 버스를 탈 수 있다.

브라질 리오의 거리 풍경.

필자와 K가 탄 리오행 버스는 좌석이 넓어 편했고 직원들도 친절했다. 지나쳐간 상파울루에서 모든 승객이 내린 후 기사들과 함께 뷔페를 먹었고 이후 그들은 차내에서 한국어 자막이 나오는 헐리우드 영화를 방송해줬다. 세계일주 후 처음보는 한글 자막이 참으로 반갑고 고마웠다.

어둑할 무렵 도착한 '삼바의 도시' 리오는 남미의 정열이 가득하다. 세계 3대 미항(美港)으로 꼽히는 브라질 여행의 백미다. 우리의 숙소는 코파카바나(Copacabana) 해변과 『이파네마의 여인(Girl from Ipanema)』이라는 보사노바 음악으로 유명한 해변 중심에 위치한 산동네였다. 나이가 지긋한 택시기사의 도움으로 30여분만에 찾아낼 수 있었다.

거리의 남성들은 대부분 바지만 입고 있고 여인들은 알록달록 풍성해 아름답다. 그리고 언제나 그렇듯 아이들은 밝다. 동네는 큰 음악 소리로 가득하다. 자정이 넘도록 음악은 사그러들지 않는다.

"따봉(매우 좋다는 의미의 현지어)!"

2015.12.12.12:o7AM(한국시간기준).
브라질 리오 데 자네이루 POSADA FAVELA CANTAGALO 호스텔에서 작성.

'사표' 쓰고 지구 한 바퀴

예수상과 산비탈 빈민가

세상에서 가장 사진찍기 어려운 곳에 선다. 남미 브라질 항구도시 리우 데 자네이루의 상징 코르코바도(Corcovad) 언덕 예수상 앞.

12월 12일 정오 기차를 타고 오른 예수상 앞 좁은 공간에선 다양한 인종의 사람들이 카메라 셔터를 누르느라 바쁘다. 피사체가 된 이들은 예수상처럼 손을 벌리고 있다. 이는 이탈리아가 브라질 독립기념일에 선물한 높이 40미터 가량의 기독 조형물이다. 이처럼 거대해 적잖은 이들이 땅바닥에 등을 대고 셔터를 누르기도 한다.

반대편 멀리론 '세계3대 미항' 이라고

코르코바도 예수상.

거대한 코르코바도 예수상을 한 장의 사진에 담
기위해 땅에 누운 관광객. 이런 광경이 흔하다.

불리는 근사한 바다가 보인다. 최근 며칠간 안개로 예수상의 얼굴조차 볼 수 없었다는데, 이날은 안개가 옅어 신비감만을 더한다.

코르코바도 언덕은 해발 710미터 밖에 안되는 높이임에도 불구하고 구름보다 위에 있다.

산비탈 빈민가(현지어로 파벨라)와 화려한 코파카바나 해변 사이에 위치한 숙소로 돌아오는 길, 비탈에 자리잡은 멋진 미용실을 본다.

아름다운 여성 미용사가 맨발로 염색에 열중하고 있다. 그녀를 지키는 고양이 두마리가 나를 빤히 쳐다본다. 그리고 아프리카 에티오피아, 아시아 라오스 사람들만큼이나 친절한 브라질리언들. 땀에 젖은 채로 종일 웃는다.

2015.12.13.06:54AM(한국시간기준), 브라질 리우 데 자네이루 POSADA FAVELA CANTAGALO 호스텔에서 작성.

'사표' 쓰고 지구 한 바퀴

리우의 산비탈 집들이 빼곡하다.

여름날

'펠리츠 나딸(Feliz Natal, 현지어인 포루트갈어로 메리 크리스마스).' 아직도 더운 브라질 곳곳에서 보이는 문구다. 12월의 여름을 즐긴다.

12월 13일 남미 브라질 리오 데 자네이루의 코파카바나 비치. 코파카바나는 백사장의 길이가 5킬로미터에 달하고 일년내내 멋진 파도가 밀려오는 세계최고의 해변 중 하나다.

대한민국 해운대를 길게 늘려 놓았달까. 그러나 이곳엔 일년내내 추위가 없고 고무튜브 대신 서핑보드가 많다는 점이 차이점이다.

비치 왼편 끝에 우뚝 솟은 '슈거로프산(일명 빵산)'이 점잖게 사람들을 내려다본다. 2016년 8월 이곳에서 개최되는 하계올림픽 기념 모래조각도 눈길을 끈다. 비치를 따라 넓은 차도, 자전거 전용도로, 인도가 줄지어 나있고 호텔과 식당이 길게 늘어섰다.

브라질 리우의 코파카바
나 해변 맞은편.

코파카바나 해변.

브라질 리우서 만난 쌈바의 여인.

그 뒷편 산자락엔 빈민들이 모여산다. 빈부격차가 심한 세계 7위 경제대국 브라질의 현실이다.

세계각지에서 모인 이들은 종일 수영복 차림으로 돌아다닌다. 브라질리언들은 탄탄한 몸을 가졌다. 그들의 수영복은 작지만 야하지 않다. 그저 건강할 뿐. 넘어진 아이들도 여간해선 울지 않는다.

코파카바나 비치 입장과 샤워시설 이용은 모두 무료다. 최근 브라질 헤알화의 가치하락으로 선베드 두개와 파라솔을 각각 한화 1500원(5브라질 헤알) 정도면 하루종일 대여할 수 있다. 덕분에 세계일주 막바지 맘편히 쉬며 수영한다. 두어달 전 카리브해 요트 횡단 후 다시 만난 바다가 무척 반갑다. 물위에 누워 태양을 바라본다. 얼굴과 몸이 다시 새까매진다.

해변에선 많은 잡상인이 돌아다니며 식음료와 기념품, 심지어 수영복까지 판매한다. 큰 맥주캔(473cc) 하나에 한화 1800원, 찐새우 다섯마리 꼬치가 한화

'사표' 쓰고 지구 한 바퀴

3000원 수준이다. 관광객을 대상으로 한 바가지가 비교적 적은 편이고, 브라질 타 도시에 비해서는 치안도 좋은 것으로 알려졌다. 맘편히 즐기면 된다.

다만, 해변에서 그리 멀지 않은 빈민가(현지어로 파벨라)에 함부로 들어서는 일은 삼가해야 한다. 수년전 '팝의 황제' 故 마이클 잭슨이 이곳에서 『그들은 우리를 신경쓰지 않아(They don't care about us)』뮤직비디오를 촬영했을 당시 브라질 정부로부터 '그곳(파벨라)에는 정부(갱단)가 따로 있다'는 답변을 들었다는 일화가 있을 정도로 위험한 곳이다.

2015.12.14.08:32AM(한국시간기준). 브라질 리우 데 자네이루 POSADA FAVELA CANTAGALO 호스텔에서 작성.

브라질 리우의
이파네마 해변.

Tip

➤➤ 이파네마 해변
코파카바나의 흥겨움이 지겹다면 바로 옆에 붙은 이파네마 해변으로 가보자. 분위기는 비슷하나
보다 조용하다. 유명한 보사노바 명곡 『Girl from Ipanema』로 잘 알려진 곳이다.

Ep.100

일곱 번의 기내식 열편의 영화
셀수 없이 많은 음악

남미에서 아프리카를 거쳐 아시아까지 무려 29시간의 비행. 일곱 번 기내식을 먹고 영화 열편을 본다. 기내에서 들은 음악은 셀 수 없이 많다.

12월 17일 새벽 3시 남미 브라질의 대도시 상파울루에서 출발한 '에티오피아 에어라인'의 저렴한 항공기는 아프리카 에티오피아의 수도 아디스아바바와 아시아 홍콩을 거쳐 18일 늦은 저녁 일본 도쿄에 도착했다.

소요시간은 1시간의 환승대기(에티오피아)를 포함해 꼬박 29시간. 이코노미석에 앉아 고전영화 『록키3』부터 최근 영화 『사우스포』까지 여덟편의 영화와 두편의 다큐멘터리를 본다.

붐비는 상파울루 공항 내부.

음악도 클래식-재즈-팝-락을 번갈아 듣
다 듣다 지겨워 아프리카 음악까지 듣는
다.

일본 도쿄 외각지역의 한 초밥집.

세계일수 중 적잖은 저가항공 탑승 경
험 때문이었을까. 무료로 제공되는 당연
한 기내식이 처음엔 눈물겹게 반가웠다.
그러나 오랜시간 제대로 움직이지도 못하
고 계속 먹는 기내식에 결국은 손을 내저
었다. 제공된 기내식은 총 7차례. 나중엔
고문같았다.

결국 배낭여행자의 불문율을 어기고 일부 음식을 남기기까지. 요컨대 필자
는 죄인이다.

12월 18일 늦은 저녁 일본 도쿄에 도착해 공항철도와 지하철을 타고 숙소로
향한다. 체크인을 마치니 밤 11시경. 인근 편의점에서 명란젓이 든 삼각김밥
과 맥주를 사먹는다. 돌아와 씻고 기절하듯 잠든다.

다음날 아침. 허리가 아프다. 숙소 앞 골목 풍경이 마치 대한민국의 겨울같
다. 오가는 사람들의 얼굴색도 그렇다.

반가우면서도 끝나가는 여정을 실감한다. 무척 서운했다.

2015.12 (한국시간기준). 일본 도쿄 KOYO호텔에서 작성.

완주

무사히 돌아왔다. 12월 25일 오후 대한민국 인천공항으로 마중 나온 오랜 친구를 만나 회포를 푼다. 설렁탕에 진로 소주가 그 친구만큼이나 그리웠다. 함께 고생한 K를 바래다주고 늦은 저녁 집으로 돌아와 가족들을 만난다.

모 통계에 따르면 세계일주를 중도 포기하게 하는 가장 큰 이유는 본인의 문제가 아니라 갑작스런 가족의 경조사라고 한다. 모두 평온한 300일을 보내주셨음에 고마움을 표한다.

씻고 방에서 음악을 듣는다. 한여름밤의 꿈, 크로이처 소나타. 셰익스피어와 톨스토이의 소설이자 멘델스존과 베토벤의 음악이다. 선율 하나 하나, 쉼표 하나 하나 모든 게 그대로다. 음반도 책도 먼지도 냄새도 그대로다. 역시 고마운

일이다.

들으며 생각한다. 이번 여정이 앞으로 걸어갈 필자의 길에 어떠한 의미를 가지게 될까. 아직은 알 수 없다. 다만 가능하다면 영원히 살고 싶다. 언젠가 죽어야만 한다면 다시 태어나 지금과 같은 나로 살고 싶다. 언제 변할지는 모르겠지만, 지금은 그렇다. 가슴이 벅차오른다. 진실로 진실로….

남미의 게스트하우스 직원이 우리에게 물었던 말을 떠올린다. "너희들은 어떻게 세계일주가 가능하니?" 정치적인 이유든, 경제적인 이유든 그에겐 상상조차 어려운 일이기 때문일 게다.

대한민국에서 건강히 태어났음에 깊이 감사했다. 적어도 필자에게 이 땅은 지옥이 아니다.

음악이 깊어간다. 잊지 못할 크리스마스가 지나간다.

2015.12.26.07:45PM(한국시간 기준).
서울 모처 내 방에서 작성.

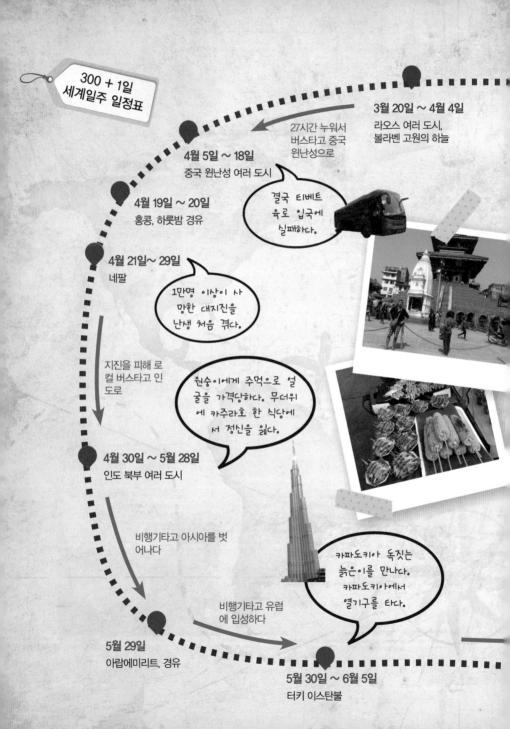

여행자 버스에서
금융범죄를
당하다.

2015년 2월 28일

3월 12일 ~ 20일
캄보디아 시엠립,
앙코르와트

2월 28일 ~ 3월 11일
태국 방콕, 치앙마이

비행기타고 인천공
항에서 태국 방콕
공항으로

생애 첫
세계일주

7월 24일 ~ 28일
이탈리아, 야외 오페라, 천지
창조

비행기타고 유럽으로 재입성, 유럽
에서는 버스와 저가항공을 적절히
조합해 이동

7월 17일 ~ 23일
케냐 나이로비, 몸바사, 광활한 사
파리. 아름다운 인도양.

비행기타고 생애
첫 아프리카에
입성. 입성 후 에
티오피아까지 버
스로만 이동

스쿠버다이빙을
배우다. 이슬람교
라마단 기간의
엄숙함을 느끼다.

비행기타고
케냐로 이동

세계일주중 가장 기억에
남는 나라, 아름다운 여
인들, 커피, 다나킬의 활
화산에 감동받다.

7월 1일 ~ 16일
에티오피아 여러 도시

6월 6일 ~ 24일
이집트 여러 도시

8월 22일 ~ 26일
오스트리아 빈, 클림트

8월 30일 ~ 9월 5일
영국 런던, 노팅힐 축제

8월 27일 ~ 29일
독일 베를린,
베를린 필

8월 17일 ~ 21일
체코 프라하, 모차르트
돈 지오반니

9월 6일 ~ 8일
아일랜드 더블린, 산책

비행기타고 북미로

➡ '돈은 얼마나 썼을까?' 총 여행경비
*2인 기준 총비용 4600만원 + 준비비 약
250만원
(준비비 항목은? 중국, 인도 출국 전 비자발급
비용, 각종 예방주사 접종 비용, 아일랜드-미
국, 인도-터키 등 대륙간 이동 편도항공권 사
전구입, 노트북, 카메라 구입 등에 사용)

9월 9일 ~ 16일
미국 뉴욕, 라스베가스 등.
9 · 11테러 박물관

비행기타고 중남미 이동, 중남
미에선 버스와 배로만 이동

9월 17일 ~ 27일
멕시코 여러 도시, 맛있는 술 메즈깔

새벽에 취조를
당하다.

9월 28일 ~ 10월 1일
과테말라, 아름다운 아띠뜰란 호수

10월 11일 ~ 27일
콜롬비아 여러 도시, 에티오피
아와 함께 가장 인상적인 나
라, 맛있는 커피, 친절한 사람
들, 숨겨진 멋진 풍경

10월 2일 ~ 3일
엘살바도르, 온두라스, 니카
라과 버스타고 국경돌파

10월 3일 ~ 5일
니카라과에서 코스타리카
를 거쳐 중미 최남단 파나
마까지 이동하다

10월 6일 ~ 10일
카리브해 산블라스 제도를
요트타고 5일간 건너 생애 첫
남미대륙 콜롬비아를 밟다.

몽마르뜨 언덕
야바위꾼에게 속아
5유로를 날리다.

봉와직염으로
발등이 부어 병원을
찾다.

8월 12일 ~ 16일
헝가리 부다페스트,
글루미 선데이

8월 7일 ~ 11일
프랑스 파리

8월 4일 ~ 6일
스페인 바르셀로나,
건축가 가우디

7월 29일 ~ 8월 3일
그리스 산토리니섬

★ 필자는 이동시 대부분 버스를 탔지만, 어쩔 수 없는
경우 스마트폰 앱으로 편도 항공권을 구입하면서
이동했음.
와이파이가 되지 않았던 에티오피아공항에서
편도항공권 출국이 안된다고 해서 창구에 가서
한화 약 70만원을 지불하고 2인 귀국항공권을 구
입한 사례가 있음. 이 돈은 결국 환불되지 않아 고
스란히 손해를 봄.
편도항공권 출국은 규정상 항공사에서 문제를 삼
으면 꼼짝할 수가 없음. 이는 편도항공권 세계일주
의 약점임. 편도항공권 세계일주의 장점은 무엇
보다 저렴한 가격과 자유로운 스케줄이 가능하다
는 것임.

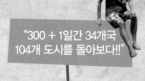

"300 + 1일간 34개국
104개 도시를 돌아보다!!"

2015년 크리스마스 여행 301
일차. 오사카에서 비행기타고
인천으로 귀국

12월 18일 ~ 25일
일본 도쿄, 오사카, 음악
카페 라이언.

총 29시간 비행기를 타고 아프리
카 에티오피아를 경유해 아시아
일본으로, 7번의 기내식, 10편의
영화를 비행기에서 즐기(?)다.

11월 29일 ~ 12월 10일
아르헨티나 여러 도시, 소고
기, 암환전, '생애 첫 스카이
다이빙… 그리고 탱고'

12월 11일 ~ 17일
브라질 여러 도시,
이과수폭포, 코르코
바도 예수상곡

11월 7일 ~ 16일
페루 여러 도시, 신비
한 미추픽추, 바다같은
티티카카호수

11월 26일 ~ 28일
칠레 깔리마 사막, 달의 계곡

10월 28일 ~ 11월 6일
에콰도르 여러 도시, 신비
한 적도, 뒤틀린 성모상, 온
천, 세상의 끝 그네

11월 17일 ~ 25일
볼리비아 여러 도시, 우
유니소금사막

세계일주에 유용한 4대 필수 앱

1. 전세계 통화 환율계산기

2. 세계 주요도시 지도 앱(GPS)

이들 두가지 앱은 매우 많은 종류가 있음. 인터넷검색 및 직접 다운받아 사용해본 후 선택 하길 추천~

3. '스카이스캐너' 등 항공권 구입앱

4. '부킹닷컴'과 '카약' 등 숙소예약앱

이 4가지만 있으면 세계어디에서든 별다른 문제가 없음. 숙소의 경우 물가가 비싼나라, 특히 성수기에는 앱으로 사전예약하고 물가가 싼 나라에서는 발품을 파는게 나아보임. 물론 정답은 없고 직접 부딪혀봐야 함.

TIP

🛫 중남미 여행에 유용한 스페인어!

여유가 된다면 중남미와 스페인 여행을 위해서 스페인어를 배워보는 것도 좋음. 브라질(포루투갈어)을 제외한 중남미 모든 국가에서는 스페인어를 사용. 필자도 퇴직 후 2~3개월을 준비하며 스페인어 학원에 다닌 바 있음. 간단한 인사말과 주요 단어, 특히 의문사와 숫자만 알아도 여행이 한결 수월해짐.